"十四五"职业教育国家规划教材
"十三五"职业教育国家规划教材
职业教育物联网应用技术专业系列教材

物联网工程项目集锦

主　编　张　梅　曹建春　张吉沅
副主编　于建军　孙永梅　何福贵
　　　　张建彬　匡　泰　邹梓秀
参　编　林道华　陈　燊　周友金
　　　　陈　胜　柯孙照　王义灯

机械工业出版社

本书是“十四五”职业教育国家规划教材。

本书以物联网工程项目为主线，通过相关模块的设置使读者了解工程项目的具体要求，提高读者分析、解决问题的能力，通过具体任务的实施让读者掌握工程项目的实施过程，通过工程配套软件的开发使读者能够具体开发一个简单的系统工程，并通过部署实现软硬件的结合，从而完成项目。本书内容包括导学和9个单元，具体为：导学物联网工程项目概述、单元1智能感应门改造工程、单元2社区自动照明工程、单元3小区红外感应楼道灯光系统、单元4车辆自动停泊计费系统、单元5家居安防系统、单元6食用菌生产大棚项目、单元7智能商超改造项目、单元8小区智能化改造项目和单元9化工厂智能安防系统。

本书可作为各类职业院校物联网应用技术及相关专业的教材，也可作为物联网爱好者的自学参考用书。

本书配套微课视频（扫描书中二维码免费观看），通过信息化教学手段，将纸质教材与课程资源有机结合，成为资源丰富的“互联网+”智慧教材。本书配有电子课件和源代码，选用本书作为教材的教师可以从机械工业出版社教育服务网（www.cmpedu.com）免费注册下载或联系编辑（010-88379194）咨询。

图书在版编目（CIP）数据

物联网工程项目集锦 / 张梅，曹建春，张吉沅主编. —北京：机械工业出版社，2017.12（2026.1重印）

职业教育物联网应用技术专业系列教材

ISBN 978-7-111-58500-8

Ⅰ. ①物…　Ⅱ. ①张…　②曹…　③张…　Ⅲ. ①物联网络—应用—高等职业教育—教材　②智能技术—应用—高等职业教育—教材　Ⅳ. ①TP393.4　②TP18

中国版本图书馆CIP数据核字（2017）第298417号

机械工业出版社（北京市百万庄大街22号　邮政编码100037）

策划编辑：梁　伟　李绍坤　　责任编辑：李绍坤

责任校对：马立婷　　封面设计：鞠　杨

责任印制：邓　博

涿州市般润文化传播有限公司印刷

2026年1月第1版第16次印刷

184mm×260mm · 13.5印张 · 307千字

标准书号：ISBN 978-7-111-58500-8

定价：46.00元

电话服务

客服电话：010-88361066

010-88379833

010-68326294

网络服务

机　工　官　网：www.cmpbook.com

机　工　官　博：weibo.com/cmp1952

金　书　网：www.golden-book.com

机工教育服务网：www.cmpedu.com

关于“十四五”职业教育国家规划教材的出版说明

为贯彻落实《中共中央关于认真学习宣传贯彻党的二十大精神的决定》《习近平新时代中国特色社会主义思想进课程教材指南》《职业院校教材管理办法》等文件精神，机械工业出版社与教材编写团队一道，认真执行思政内容进教材、进课堂、进头脑要求，尊重教育规律，遵循学科特点，对教材内容进行了更新，着力落实以下要求：

1. 提升教材铸魂育人功能，培育、践行社会主义核心价值观，教育引导学生树立共产主义远大理想和中国特色社会主义共同理想，坚定“四个自信”，厚植爱国主义情怀，把爱国情、强国志、报国行自觉融入建设社会主义现代化强国、实现中华民族伟大复兴的奋斗之中。同时，弘扬中华优秀传统文化，深入开展宪法法治教育。

2. 注重科学思维方法训练和科学伦理教育，培养学生探索未知、追求真理、勇攀科学高峰的责任感和使命感；强化学生工程伦理教育，培养学生精益求精的大国工匠精神，激发学生科技报国的家国情怀和使命担当。加快构建中国特色哲学社会科学学科体系、学术体系、话语体系。帮助学生了解相关专业和行业领域的国家战略、法律法规和相关政策，引导学生深入社会实践、关注现实问题，培育学生经世济民、诚信服务、德法兼修的职业素养。

3. 教育引导学生深刻理解并自觉实践各行业的职业精神、职业规范，增强职业责任感，培养遵纪守法、爱岗敬业、无私奉献、诚实守信、公道办事、开拓创新的职业品格和行为习惯。

在此基础上，及时更新教材知识内容，体现产业发展的新技术、新工艺、新规范、新标准。加强教材数字化建设，丰富配套资源，形成可听、可视、可练、可互动的融媒体教材。

教材建设需要各方的共同努力，也欢迎相关教材使用院校的师生及时反馈意见和建议，我们将认真组织力量进行研究，在后续重印及再版时吸纳改进，不断推动高质量教材出版。

机械工业出版社

前言

PREFACE

物联网被看作继计算机、互联网与移动通信网之后的又一次信息产业浪潮，将成为未来带动中国经济发展的主要生力军。2009年，在美国总统奥巴马与工商业领袖举办的圆桌会议上，IBM首席执行官首次提出了“智慧地球”（Smart Earth）的构想。同年，欧盟发布了物联网研究战略路线图（Internet of Things Strategic Research Roadmap）。

在我国，物联网同样被高度重视，早在2010年就被确立为国家五大战略新兴产业之一。在党的二十大报告中提出“加快建设制造强国、质量强国、航天强国、交通强国、网络强国、数字中国”，强调“推动战略性新兴产业融合集群发展”和“加快发展物联网”。

全书的编写指导思想是理论够用、实践为主。在编写过程中每一单元的编写都尽量还原了项目开发的过程，读者在阅读本书或根据本书实训时，都有进入项目开发过程的感觉。在编写项目或工程概览时，编者对项目做了大体的分析和整体的预览，使读者能够大体了解工程项目实施的目的及完成后将要实现的功能；在编写项目分析时，编者充分考虑了读者的需求，读者在阅读工程项目分析时可以知道该工程项目所需要的关键技术，当然读者可能会对关键技术不太了解，在此处编者也针对项目中用到的关键技术做了详尽的讲述；工程实施是整个工程的关键环节，在此编者详尽描述了工程实施的步骤，并对关键步骤做了详尽的解释，读者可以根据书中工程实施的介绍完成项目的实施，实现硬件的联通并为软件的部署提供支撑；软件开发部分是项目的重点和难点，由于篇幅有限，编者在此只对关键代码做了解释，读者可以配合与本书配套的代码资源进行学习。在项目的硬件都完成之后，将编写好的软件部署到对应的服务器或者客户端，即完成整个项目。

本书内容包括导学和9个单元。具体包括：导学物联网工程项目概述、单元1智能感应门改造工程、单元2社区自动照明工程、单元3小区红外感应楼道灯光系统、单元4车辆自动停泊计费系统、单元5家居安防系统、单元6食用菌生产大棚项目、单元7智能商超改造项目、单元8小区智能化改造项目和单元9化工厂智能安防系统。在具体内容的讲解过程中还穿插讲解了WPF项目开发的相关知识、软件的界面设计、外部类库的导入以及每个事件的代码编写等相关知识与常用技能。

本书由张梅、曹建春和张吉沅任主编，于建军、孙永梅、何福贵、张建彬、匡泰和邹梓秀任副主编，参加编写的还有林道华、陈燊、周友金、陈胜、柯孙照和王义灯。

由于编写水平有限，书中难免存在错误和不足之处，欢迎读者批评指正。

编　者

二维码索引

序号	视频名称	图形	页码	序号	视频名称	图形	页码
1	智能感应门改造工程		15	4	红外对射的安装		79
2	电线的接驳		45	5	ADAM数字量采集器		93
3	数字量的安装方法		57	6	ZigBee四模拟量采集器及其设备安装调试		131

目录

CONTENTS

CONTENTS

目录

导学

物联网工程项目概述

学习目标

- 了解物联网工程的项目背景。
- 了解物联网工程的特点。
- 了解物联网工程的项目分析方法。

单元概述

物联网工程与传统的软件工程和通信工程虽然在技术上有共同之处，但是在实施、开发等方面存在较大差异。本单元通过对物联网、互联网+项目工程的描述来说明它们之间的差异。

一、物联网工程的特点

1．物联网的概念和特点

（1）物联网简介

物联网，顾名思义就是将“物”连接起来构成四通八达的“网”，或者说通过“网”能了解到任何“物”，并能了解到“物”的内部状态。归根结底，就是“物”具有能把其内部状态呈现出来的能力，并通过网络传输到外部“网”。通过技术手段，将“物”内部状态呈现出来，就是各类传感器检测到“物”的现场状态，并通过各种网络通路把信息传递出去，后续信息再被加以处理和应用。物联网示意图如图0-1所示。

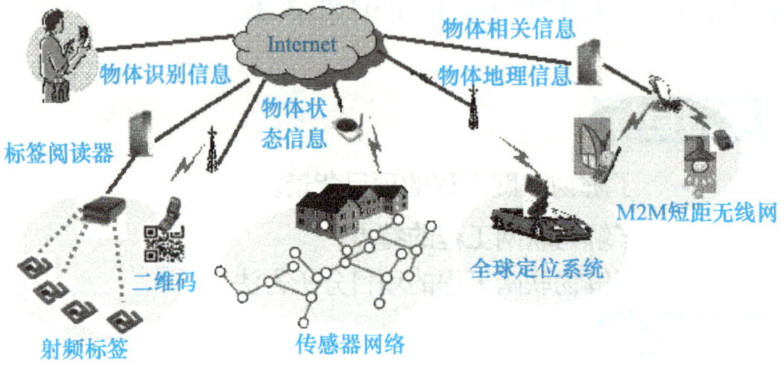

图0-1　物联网示意图

物联网（Internet of Things，IoT）概念最早于1999年由美国麻省理工学院提出，早期的物联网指依托射频识别（Radio Frequency Identification，RFID）技术和设备，按约定的通信协议与互联网相结合，实现物品信息智能化识别和管理，实现物品信息互联而形成的网络。随着技术和应用的发展，物联网内涵也随之不断丰富。现代意义的物联网可以实现对物的感知、识别控制、网络互联和智能处理的有机统一，为智能决策提供支撑和服务。

（2）物联网的定义

通过射频识别、红外感应器、全球定位系统、激光扫描器等信息传感设备，对物理世界进行感知识别，通过网络传输互联，进行计算、处理和知识挖掘，实现人与物、物与物信息交互和无缝链接，达到对物理世界实时控制、精确管理和科学决策的目的。

（3）物联网、通信网、互联网的区别和联系

物联网、通信网、互联网三者的连接对象、主要对象和提供的服务内容比较见表0-1。

表0-1　通信网、互联网、物联网三者比较

名称	通信网	互联网	物联网
连接对象	网络上的各个终端	信息世界	物理世界
主要对象	内部网络和信息传输本身	内部网络和信息传输的内容	外部网络和客观物理世界
服务内容	信息传输服务	信息内容服务	感知服务

从三者的区别，明显可以看出通信网建立了人类沟通的桥梁，互联网建立了人（信息）和人（信息）之间交互的平台。只有物联网关注现实的物理世界，通过各类传感器感知物理世

界的状态，网络是传输的媒介，信息经过处理后达到应用的需求。这个终极应用需求其实就是：更好地了解物理世界，顺应物理世界发展的自然规律，操控和保障物理世界满足人类的可持续发展需求。如果剥离出技术，则可以用一个简单的等式表示：（智能传感器/智能执行机构）+网络+应用后处理=物联网。其实剥离出来的技术，脱离了物理世界，已经不能叫作物联网了，但是这种剥离却让人们更加方便地了解了技术本身，这也是其价值所在。本书后续内容对物联网和物联网技术不加区分。

（4）物联网的典型应用

物联网的应用已经渗透到人类生活的方方面面，目前常见的应用场景主要在工程检测、物流、安防、医院、环保、交通等方面。具有代表性的案例如下。

1）工程检测方面的应用

我国令全世界叹为观止的南水北调工程是一次工程学上的壮举。1400km的水道上散布着的传感器高达10万多个，贯穿丹江口水库与京津两地。在过去的几年内，这些传感器一直扫描着中线运河的结构损坏情况，跟踪水质和流速，同时还监视运河的“入侵者”们，不论是人还是动物。该工程的建造每日惠及5000多万人，这其中还不包括运河沿岸的居民们。

2）物流业的应用。

为适应市场的竞争和满足市场扩大的需求，沃尔玛超市需要进一步降低物流成本，他们在所有重点产品和物流车辆上安装RFID电子标签，在供应链的关键节点（比如，供货商、仓库和商店等）上都安装读写器（见图0-2），目的是通过物流的自动化提高物流的效率，缩短商品的市场流通周期，降低商品运送的出错率。该项目的实施效果很好，使得库存周转率比传统物流仓储提高了60%，资金占用率下降了40%，总体物流成本降低了5%，并使得沃尔玛超市继续保持了区域零售业第一的地位。

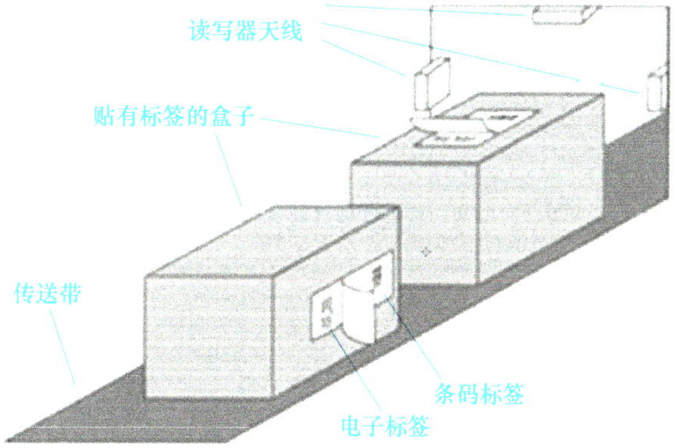

图0-2　物流RFID应用示意图

3）安防方面的应用。

社区数据中心的物联网安防系统通过部署在社区围墙上的红外探测器感知是否有人攀爬、

通过振动电缆来感知附近区域的振动，提前通过声光电警报器预警，威慑试图翻越围墙的不法人员，消除潜在威胁；引入气象系统，对雨雾天气引起的漏报和误报进行排除；再加上监控视频复核和多种探测预警方式融合构成全方位的安防物联网应用系统。物联网安防应用如图0-3所示。

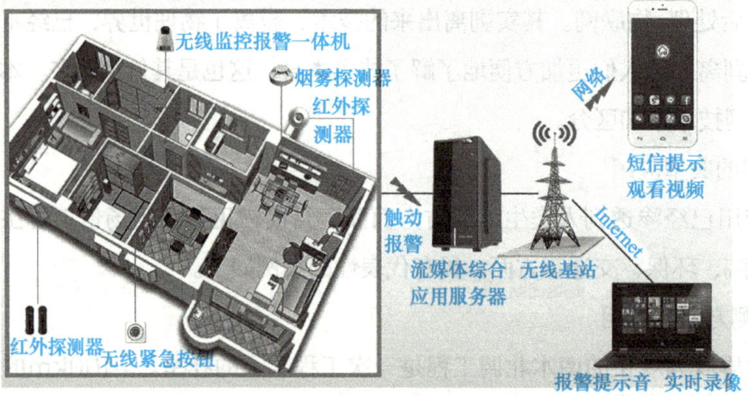

图0-3　物联网安防应用

4）物联网在医院的应用。

在病房内部布置一定数量的传感器节点，这些节点可以实时监测病房内的温度、光照度等环境信息。同时，在病人身上安装射频传感标签，能够实时采集连续的生命特征数据，如病人的体温、血压、脉搏等，还能实现对病人的物理定位。射频读写器借助传感网络的多跳路由，将采集的数据实时传递给监控中心或医生的手持平板式计算机。物联网在医院的应用示意图如图0-4所示。

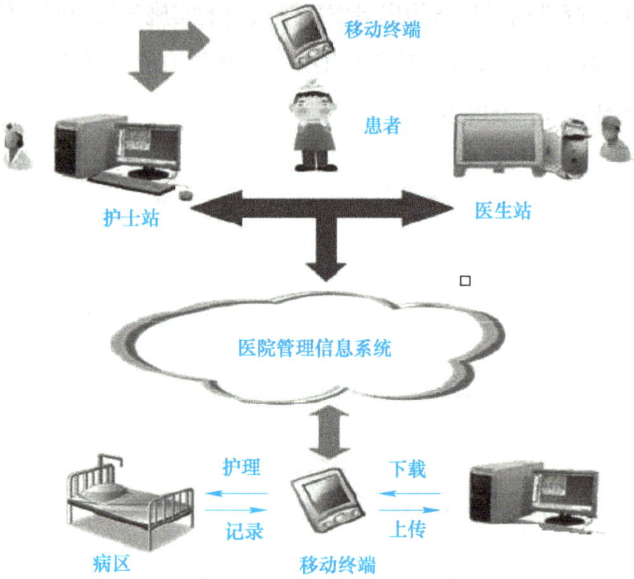

图0-4　物联网在医院的应用示意图

5）物联网在环保方面的应用。

通过噪声检测仪、烟尘检测仪、水质检测仪、摄像机等各类前端现场污染源数据采集设备，获取现场水、气、声环境污染信息，通过有线、无线网络将信息传输到后台数据存储管理服务器，供分析和处理后，根据检测值与标准值的比较，对超标现场进行针对性布控，实现数据采集、视频监控、远程控制、统计分析于一体的先进环保监测管理。

6）物联网在交通行业的应用。

公交车通过车载GPRS技术、监控技术和无线通信技术，实现了智能运营调度功能、视频监控功能和信息发布功能。

智能运营调度功能：通过公交车车载设备中的GPS功能模块，实现定位信息的采集；通过无线通信模块，将定位数据上传至中心管理平台。结合地理信息系统技术，系统对定位数据进行分析处理，实现对公交车辆的位置监控等运营调度功能。

视频监控功能：通过公交车车载监控设备，记录车辆运营过程中车内及路面状况。在需要时，可通过3G通信模块，将车载设备采集的音视频信息实时上传至中心管理平台。实现了对公交车辆的安全监控，为发生案件或事故后的调查取证提供了科学有效的手段，对营造安全的搭乘环境和维护正常的搭乘秩序，起到了积极的作用。

信息发布功能：通过公交车车载无线通信模块，实现公交车辆、公交人员、场站、电子站牌与中心监控平台之间的文字短消息发送、语音通话功能，满足对车辆和驾驶员进行远程调度管理的需要，也满足了公交车辆、电子站牌等营运信息发布及媒体信息播放的需要。

2．物联网的特点

全面感知、可靠传输与智能处理是物联网的三个显著特点。

物联网是“万物沟通”的，具有全面感知、可靠传输、智能处理特征的连接物理世界的网络，实现了任何时间、任何地点及任何物体的连接，可以帮助实现人类社会与物理世界的有机结合，使人类可以以更加精细和动态的方式管理生产和生活，从而提高整个社会的信息化能力。

1）全面感知，即表明物联网连接的是物，需要能够感知物，赋予物智能，从而实现对物的感知。

2）可靠传输。物联网通过前端感知层收集各类信息，还需要通过可靠的传输网络对感知的各种信息进行实时传输。物联网中的数据传输方式在传统的互联网传输方式的基础上，还加入了蓝牙、ZigBee等多种通信方式进行数据传输。物联网传输方式类型如图0-5所示。

3）智能处理。智能处理就是当前最热门的话题“人工智能”。人工智能是数据、计算能力和数学模型三者的结合，人们把从感知层获得的信息数据套入数学模型中对数据进行处理，也就是通过计算得到智能处理后的结果，再将这个结果应用反馈给机器，使其实现“深度学习”或者反馈给想得到结果的人。智能处理的云平台——终端体系，如图0-6所示。

图0-5　物联网传输方式类型

图0-6　智能处理的云平台——终端体系

3．物联网工程的特点

物联网工程项目有两个特点：一是系统本身要稳定可靠，能保证系统长期稳定地运行，特别是有些设备需要部署在人迹罕至的地方，所以系统的可靠性是关键；二是系统便于开发和维护，因为物联网工程往往基于不同行业、不同的工艺需求来开发系统，很难开发出像民用领域的通用产品，工程项目需要根据现场实际情况调整相关的业务逻辑和监控画面，所以是否易于开发很关键。当然，其维护更为重要，因为偏工业级的物联网项目一般设计为至少是三年或更长的生命周期，所以项目维护难以避免，甚至系统还会根据现场工艺的变更进行变化，易于维护是物联网项目一个不可或缺的要素。

所谓的工业级物联网，不是工业领域的物联网，而是具备工业领域工程项目特色的物联网项目，比如农、林、牧和渔业等领域的相关项目。和工业领域的项目不同，它没有那么庞大和严格的要求，采集和监控的数据也相对较少，对项目实施和设备维护的成本比较敏感，并且一般要求远程监控。但是它与其他项目相同的要求是，设备稳定可靠，便于根据工艺要求调整控制策略，方便升级、扩展，易于维护。

传统工程项目一般相对庞大、环节多，开发和实施周期都比较长，当然项目的费用也是相对高昂的，往往一个传统工程项目需要1年甚至几年的时间才能完成。而在物联网时代，由于互联网和移动互联网基础设施比较完善，云服务公司也层出不穷，可以花最少的代价，相对快速地完成一些项目。

由于物联网工程开发和实施的代价大大降低，所以可实施的领域被大大拓宽了，形成了一个良性循环，做得越多越可靠，也越便宜。随着成本的降低，其可应用的项目也越来越多。

二、工程项目的需求分析

1．需求分析的定义

（1）什么是需求分析

所谓“需求分析”是指对要解决的问题进行详细的分析，弄清楚问题的要求，包括需要输入什么数据，要得到什么结果，最后应输出什么。可以说，各种工程中的“需求分析”就是确定要“做什么”，要达到什么样的效果。需求分析是进行工程系统开发之前必做的。

在项目工程的历史中，很长时间里人们一直认为需求分析是整个项目工程中最简单的一个步骤。但在近年来，越来越多的人认识到，需求分析是整个工程实施中最关键的一个部分。假如在需求分析时未能正确地认识到用户的需求，那么最后的工程实际上不可能满足用户的需求或者导致项目工程无法在规定的时间里完工。

（2）需求分析的特点

1）供需交流困难。

在开始阶段，工程设计人员、实施人员以及用户都很难准确地提出项目要“做什么”。因为项目实施人员不是用户问题领域的专家，不熟悉用户的业务活动和业务环境，又不可能在短期内搞清楚；站在用户的角度，用户不熟悉工程应用的有关问题，无法与项目实施人员进行有效的沟通。由于双方互相不了解对方的工作，又缺乏共同语言，所以在交流时存在着隔阂。

2）需求动态化。

对于一个大型而复杂的项目工程，用户很难精确完整地提出对它功能和性能的要求，一开始只能提出一个大概、模糊的功能，只有经过长时间的反复沟通和交流才能逐步明确，有时进入到设计、编程阶段才能明确，更有甚者，到开发后期还在提新的要求，这无疑给开发带来了困难。

3）后续影响复杂。

需求分析是项目开发的基础。假定在需求分析阶段发现一个错误，解决它需要用1h的时间，若放到后续的设计、编程、测试和维护阶段解决，则要花成倍的时间。

（3）需求分析的具体内容

需求分析的具体内容可以归纳为这几个方面：项目的功能需求、软件与硬件或其他外部系统接口、软件的非功能性需求、软件的反向需求、软件设计和实现上的限制、阅读支持信息。

（4）需求分析的输出结果

需求分析的输出结果通常为需求文档，需求文档通常包括需求概述、系统功能需求、软硬件和外部接口的说明等内容，具体见表0-2。

表0-2 需求文档主要内容

单元名称	单元段落
引言	1. 编写目的 2. 软件需求分析理论 3. 软件需求分析目标 4. 参考文献
需求概述	1. 项目背景 2. 需求概述 3. 系统结构 4. 网络拓扑图
系统功能需求	
软硬件和其他外部接口需求	1. 用户界面 2. 硬件需求 3. 接口需求 4. 通信需求 5. 运行环境
其他非功能需求	1. 性能需求 2. 安全设施需求 3. 安全性需求 4. 扩展性需求

2. 物联网工程项目需求的特点

物联网工程项目需要结合工程项目实施和运营的具体场景，充分考虑软硬件和其他外部接口需求。

（1）硬件需求

物联网工程项目在硬件配置采购上一般遵循以下原则。

1）高性能原则。

保证所选购的服务器不仅能够满足运营系统的运行和业务处理的需要，而且能够满足一定时期业务量的增长。一般可以根据经验公式计算出所需的服务器TpmC值（TpmC是衡量计算机系统事务处理能力的程序），然后比较各服务器厂商和TPC组织公布的TpmC值，选择相应的机型。同时，用服务器的市场价/报价除以计算出来的TpmC值，得出单位TpmC值的价格，进而选择高性能价格比的服务器。

2）可靠性原则。

可靠性原则是所有设备和系统选择中首先要考虑的，尤其是在大型的、有大量处理要求的、需要长期运行的系统上。考虑服务器系统的可靠性不仅要考虑服务器单个节点的可靠性或稳定性，而且要考虑服务器与相关辅助系统之间连接的整体可靠性，如网络系统、安全系统、远程打印系统等。在必要时，还应考虑对关键服务器采用集群技术，如双机热备份或集群并行访问技术，甚至可能采用容错机。

3）可扩展性原则。

保证所选购的服务器具有优秀的可扩展性。因为服务器是所有系统处理的核心，要求具有大数据吞吐速率，包括I/O速率和网络通信速率，而且服务器要能够处理一定时期的业务发展所带来的大量数据，这需要服务器能够在相应时间根据业务发展的需要对其自身进行相应的升级，如CPU型号升级、内存扩大、硬盘扩大、更换网卡、增加终端数目、挂接磁盘阵列或与其他服务器组成对集中数据进行并发访问的集群系统等。这都需要所选购的服务器在整体上具有一个良好的可扩充余地。一般数据库和计费应用服务器在大型计费系统的设计中就会采用集群方式来增加可靠性，其中挂接的磁盘存储系统，根据数据量和资金考虑，可以采用DAS、NAS或SAN等技术来实现。

4）安全性原则。

服务器处理的都是相关系统的核心数据，在服务器上存放和运行的是关键的交易和重要的数据。这些交易和数据对于拥有者来说是一笔重要的资产，所以它们的安全性就非常敏感。服务器的安全性与系统的整体安全性密不可分，如网络系统的安全、数据加密、密码体制等。要从安全的角度来设计服务器的软硬件，在借助于外界的安全设施保障下，更要保证本身的高安全性。

5）可管理性原则。

服务器既是核心又是系统整体中的一个节点部分，就像需要对网络系统进行管理维护一样，也需要对服务器进行有效的管理。这需要服务器的软硬件要支持标准的管理系统，尤其是服务器上的操作系统，也包括一些重要的系统部件。

（2）项目外接口需求

物联网工程项目的建设应采用先进并且成熟的技术，建立严密、体系化的系统管理和应用平台。应具有良好的分层设计，整体系统扩充性能良好，能够根据业务的发展进行变更，在保持现有业务处理不受影响的前提下，具有持续扩充功能、适度变化的能力。通常来说，在项目工程的软、硬件系统上提供对移动设备接口的支持，通过一般应用程序可以方便地与客户现用系统进行集成；不同系统和设备交换的文件信息采用规范的JSON格式，可以方便地实现系统间的信息交换，以满足应用环境不断发展和业务升级的需要。

三、物联网的主要技术

1．WSN技术

WSN（Wireless Sensor Networks）是由大量具有通信功能的微型无线传感器构成的无线传感器网络。无线传感器网络一般由终端节点、路由节点、协调器节点组成，无线传输的协议可以是ZigBee协议。一般大量布设的终端节点获得的传感信息，通过路由器节点以多跳的方式传输到协调器，由协调器传递给具有外部网络功能的DataSink节点，接入外网。WSN

的基本结构如图0-7所示。随着微电子机械系统的进步和无线通信技术、信号处理技术的飞速发展，无线传感器网络（WSN）成为国内外关注的热点研究领域。WSN具有极其广泛的应用，如感知战场、感知环境（如气候、地理、污染变化的监控）、感知物理安全（如建筑和桥梁结构的监控）、城市道路交通等。

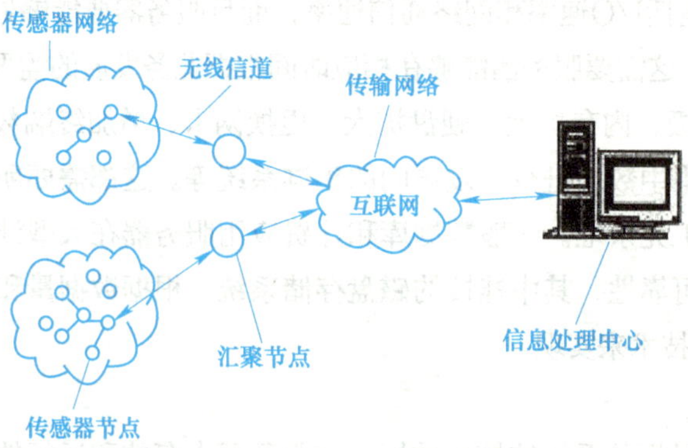

图0-7　WSN的基本结构

2．RFID技术

RFID技术通过无线射频方式进行非接触双向数据通信，实现对目标的识别。RFID系统由标签、阅读器和计算机系统组成，如图0-8所示。

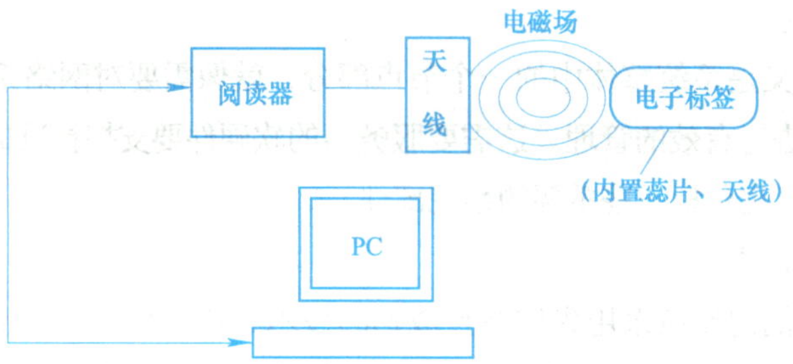

图0-8　RFID系统基本组成示意图

阅读器由读写器和天线构成。阅读器通过天线发射射频信号，当标签进入阅读器工作区域时，其天线产生感应电流，标签获得能量被激活，并向阅读器发射自身编码信息；阅读器接收来自标签的载频信号，对接收信号进行解调和解码，并将其送至计算机系统进行处理。计算机系统根据逻辑运算判断标签的合法性，并进行数据处理和逻辑控制，发出指令信息；标签的数据解调单元从接收到的射频脉冲中解调出数据并将其送至逻辑控制部分，完成发送数据指令和其他操作。

3．无线组网与接入技术

组网技术就是网络组建技术，分为WSN组网技术、Wi-Fi组网技术、WiMax宽带组网技术和蜂窝网手机组网技术等，如图0-9所示。

无线组网与接入技术是由业务网络节点接口与相关Internet网络接口之间的一系列传送线路设施和传输设施组成，为传送业务提供所需承载能力的网络实施系统。

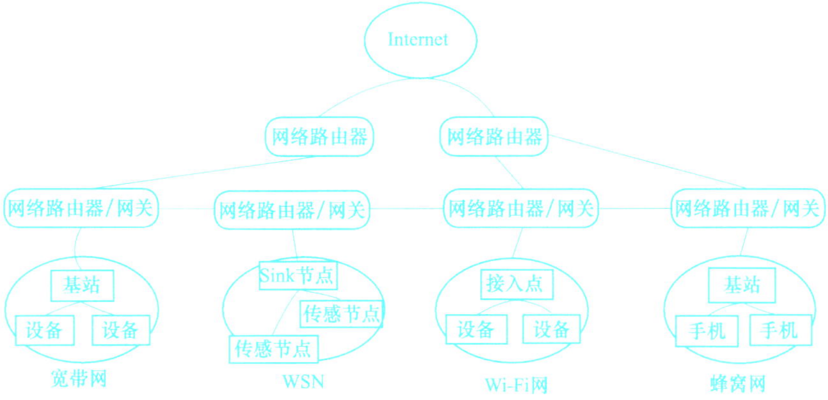

图0-9　无线组网与接入技术示意图

4．大规模的感知信息处理技术

物联网内部相互之间交流沟通的形式一般是数据流式的，也就是24h不间断产生数据，数据生命周期短，数据量大，数据变化大，所以把握数据往往很难。物联网数据的产生往往是多维的，比如，智能手机通信数据、智能家居数据、智能交通数据等，涉及设备多，存在数据交叉问题，而且产生的数据随时间和空间都在变化，几乎是无限维的。加上不同应用网络往往网络带宽不同，网络复杂，融合异构网并进行有效数据传输困难重重。通常互联网智能化数据的处理和海量信息的管理采用云计算方式，所以在没有更好的物联网大规模信息处理技术出现之前，人们想到的方法还是把现场数据引入Internet，然后由云计算完成处理和共享应用。事实上，由于云数据处理中心可能和现场终端相距甚远，精细的实时处理需求很难达到，分层多级处理方式是比较常用的方式。最近又出现了一种颇受欢迎的处理方式，就是把信息处理前移，即在现场网络中设置控制器角色。该控制器角色除了完成传统的数据输入输出统一接口的功能外，还应对前端多种传感器采集的数据进行智能化融合，直接得到人类通常意义的现场状态和行为，也就是把现场网络和控制器的集合由若干传感节点变成一个智能体，实现数据的现场瘦身。可以预见，前端的智能体方式和云计算处理方式的结合将是大规模感知信息处理技术的发展趋势，其示意图如图0-10所示。

图0-10　大规模的感知信息处理示意图

四、物联网工程的设备选型

1. 物联网工程设备选型的原则

设备选型是购置设备时，根据生产工艺要求和市场供应情况，按照技术上先进、经济上合理、生产上适用的原则并满足可行性、维修性、操作性和能源供应等要求，通过调查和分析比较，确定设备的优化方案。设备选型原则具体如下。

1）扩展性考虑：在网络层次结构上，主干设备预留一定的能力，以便将来扩展，低端设备够用即可。

2）可靠性：可靠的系统依赖于可靠的硬件设备，可靠的设备可以降低运行的风险，可以减少系统出错的可能，在核心节点和重要的节点上要选择可靠的设备。设备的品牌、产品层次和技术支持决定着设备的可靠性。

3）可管理性：大型网络的所有节点应该是可管理的，可以对网络的业务流量、运行状况等进行全方位的监控和管理。

4）安全性：控制网络访问权限，制定适合的安全策略，根据安全需求，选择合适的产品。

5）QoS控制能力：对网络流量进行优化和处理，保证重要流量和对时间敏感流量快速通过，可以针对业务流的特点进行调整。

6）标准性和开放性：所选择的设备必须能够支持业界通用的开放标准协议，以便于不同厂商之间设备的通信。

2. 从人文角度进行工程项目的设备选型

在进行工程项目的设备选型时，除了考虑技术、经济、产品供应链等方面，还必须从用户的角度，即从用户体验、操作感、设备维护的便利性等人文角度来进行考虑，主要包括以下几个方面。

（1）全面性

物联网工程项目产品功能必须是全面的。可以根据用户需求，将所有需要控制的设备全部纳入统一平台进行操控。比如，在智能家居等项目中经常说的“轻轻一键离家门”，只要空调、地暖、新风等有一个子系统不能进入这个控制平台，轻轻一键后业主依然要跑遍所有房间进行检查，智能家居的智能又从何谈起。

（2）智能化

物联网工程项目产品从用户的使用便捷性出发。还是以智能家居为例，前端向用户提供友好、实时与系统无缝的对接，后台自动采集、处理、执行业主的设定，并根据业主需求实现随时随地、随心所欲控制的一种真正意义的智能化。

同时，智能化在操作和使用上还体现在以下几个方面。

1）物联网云平台的使用。

2）智能终端提供自动化、人性化的人机交互界面。

3）无线化和有线化相结合。

（3）安全性

随着传感器和芯片的成本越来越低，任何产品现在都可以变成一种联网设备，包括家用电器在内的许多产品都开始融入了各种各样的新特性。

通过各种传感器，接入网络后的产品能够具有各种各样的新奇功能。但是，围绕着物联网产品的壮大，隐私与安全问题自然而然地又出现在了人们的面前。毕竟没有人愿意别人能够看到自己办公室或家里的网络信息。

物联网产品制造商需要把每一个产品都当成有可能被入侵的接入点，并建立强大的安保功能。此外，这些功能在产品投放市场之前就必须进行广泛的测试，而不是产品投放以后才进行测试。因为这些产品，就像车和电冰箱，都有可能成为不法分子侵入用户网络的途径，而用户可能会因为考虑到安全问题而不使用物联网产品。

单元小结

本单元介绍了物联网项目工程的特点和背景以及项目的需求分析和概要设计。在学习过程中，可以了解项目设计的基本流程，如何对项目进行需求分析和概要设计以及设备选型的一些技巧。

拓展训练

1）概要设计的主要任务是什么?

2）需求分析的主要任务是什么?

3）设备选型应该如何操作?

4）项目分析要求：智能家居实现对家居生活的环境监控、安全监控与家具自动化控制，请构架出该项目的需求分析部分（需要使用的传感器可自己拟定）。

UNIT 1

单元 1 智能感应门改造工程

扫描二维码
观看视频

学习目标

- 掌握4150数字量采集器的使用方法。
- 理解工程项目的设计原理。
- 掌握设备的安装和调试方法。
- 掌握软件的开发技术。

单元概述

随着计算机、网络、电子技术的发展，各种方便生活的自动控制系统逐步进入了人们的生活。智能感应门是随着人们对生活条件的不断追求、科技的不断发展应运而生的高科技产品，它具有管理安全方便、节能省电、节省人力资源等优点。本单元主要介绍智能感应门改造工程的实施与软件开发。

任务1 智能感应门改造工程概览

一、智能感应门改造工程的目的

通过智能感应门改造工程的实现，了解智能感应门的工作原理，并通过建立工程实现智能感应门的功能。

本工程需要实现的功能主要包括以下几个部分。

1）搭建智能感应门改造工程硬件环境。

2）编写程序实现对红外线传感器数据的读取。

3）根据数据对感应门进行控制。

二、智能感应门改造工程预览

本单元可以实现的功能：

1）系统对红外线传感器状态的实时获取；

2）实现当人或物品经过通道时，智能感应门自动开启，并适当延时后自动关闭。工程运行后，感应门开启和关闭的效果分别如图1-1和图1-2所示。

图1-1　感应门开启效果图

图1-2　感应门关闭效果图

任务2 智能感应门改造工程分析

一、智能感应门改造工程描述

本工程拟采用智能感应门代替原有的普通门与人工手动控制的自动门。智能感应门与原有的普通门相比更加方便和高档，能够减少室内室外空气的流通，在室内室外温差比较大的地区应用效果明显，起到了节能减排的作用。人们开门时无需再用手去推拉，实现了通过对人体红外感应自动控制门开关的功能。智能感应门与人工控制的自动门相比，减少了繁杂的设备接线，缩小了控制器体积，扩展了应用范围。本工程中使用红外对射传感器作为智能感应门的感应装置，当有人或物体经过智能感应门触动红外对射传感器时，感应门会自动开启。本系统工程用例图如图1-3所示。

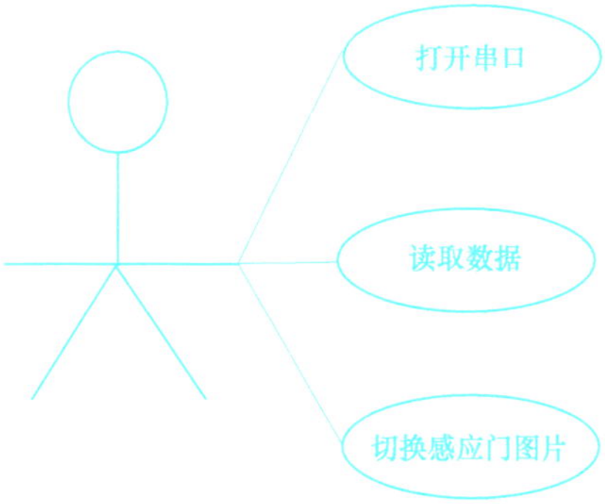

图1-3 感应门系统工程用例图

二、智能感应门改造工程的背景知识

1．智能感应门

随着计算机、网络、通信技术的发展，各种方便日常生活的自动控制系统逐步进入了人们的生活。智能感应门是随着人们对生活条件的不断追求、科技的不断发展应运而生的高科技产品。因此，它具备了普通门没有的优势：使用管理起来更加安全、方便、舒适，可以实现无人看管，同时又能实现防风、防尘、减低噪声的功能。

在国外，自20世纪90年代以来，自动化技术发展迅猛，技术已经相对成熟，并取得了惊人的成就，而自动化技术是智能感应门的重要部分。在现代人们生活中，智能感应门可以节约能源、降低噪声、防风、防尘，同时可以使入口显得庄重典雅，因此应用非常广泛。

随着我国经济的飞速发展，智能感应门在人们的生活中使用得越来越广泛。智能感应门适合于宾馆、酒店、银行、写字楼、医院等场合。不过智能感应门在国内的自主研发尚处于初级阶段，在智能感应门控制系统的设计中，稳定、节能、环保、安全及人性化是需要首先考虑的因素。

智能感应门主要可分为以下3种。

1）平移式感应门，如图1-4所示。

图1-4　平移式感应门

2）旋转式感应门，如图1-5所示。

图1-5　旋转式感应门

3）推拉式感应门，如图1-6所示。

图1-6　推拉式感应门

2．红外对射传感器

红外对射传感器全名叫主动红外入侵探测器（Active Infrared Intrusion Detectors），其基本构造包括发射端、接收端、光束强度指示灯和光学透镜等。其侦测原理是在发射端有可以发射脉冲红外线的LED红外光二极管，红外线经光学镜面聚焦处理后可以传至很远的距离，接收端的受光器接收红外线，当红外脉冲射束被遮断时会发出警报，也就是当接收端接收不到红外脉冲射束时就会发出警报。红外线是一种不可见光，而且会扩散，投射出去之后，在起始路径阶段会形成圆锥体光束，随着发射距离的增加，其理想强度与发射距离呈反比例衰减。

主动红外对射传感器由主动红外发射机和主动红外接收机组成，当发射机与接收机之间的红外光束被完全遮断或按给定百分比遮断时，能产生报警。

主动红外发射机通常采用红外发光二极管做光源，其主要优点是体积小、重量轻、寿命长，交直流均可使用，并可由晶体管和集成电路直接驱动。红外对射传感器多数是采用互补型自激多谐振荡电路做驱动电源，直接加在红外发光二极管两端，使其发出经脉冲调制的、占空比很高的红外光束，这既降低了电源的功耗，又增强了红外对射传感器的抗干扰能力。图1-7所示为红外对射传感器的实物图。

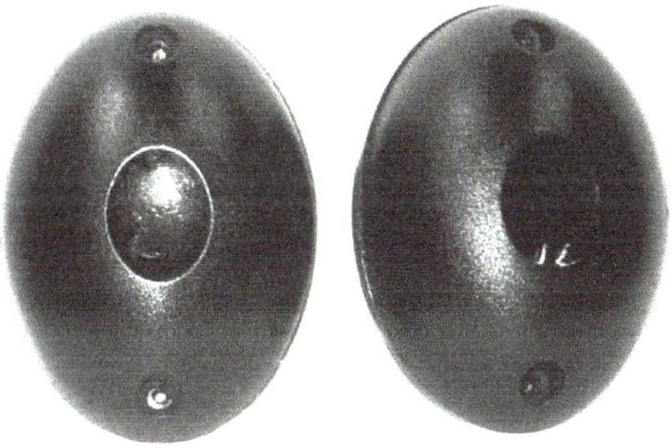

图1-7　红外对射传感器实物图

3．常见的智能感应门工程控制方式

（1）本地控制

感应门的本地控制是感应门最常用的一种控制方式，它使用单片机对感应门进行控制。在单片机中写入相关感应门的事件，当红外对射传感器接收端接收不到脉冲红外线时（红外线光束被遮挡），判断有人经过，并相应地进行感应门的打开。

（2）远程控制

感应门的远程控制是最新的一种感应门的控制方式，它通过远程对感应门发出指令，从而对感应门进行控制，较本地控制更加安全、方便。远程控制的自动门和本地控制的自动门一样都采用红外对射传感器来感知是否有人或物体经过，与本地控制方式不同的是，远程控制是将红外对射传感器感知到的信号传递给远端的服务器，服务器接收到信号后对信号做智能处理，然后将门打开。

4．数字量采集器

本工程中使用的数字量采集器全称为ADAM 4150数字量采集器。该数字量采集器模块采用EIA RS-485通信协议，它是工业中广泛使用的双向、平衡传输线标准。它使得该模块可以远距离高速传输和接收数据。该采集器的内置系统是一款数据采集和控制系统，能够与双绞线多支路网络上的网络主机进行通信。

ADAM 4000系列模块应用EIA RS-485通信协议，它是工业中广泛使用的双向、平衡传输线标准。它使得ADAM 4000系列模块可以远距离高速传输和接收数据。ADAM 5000/485系统是一款数据采集和控制系统，能够与双绞线多支路网络上的网络主机进行通信。

图1-8所示为本工程使用的ADAM 4150数字量采集器的正面，图1-9所示为其背面。

图1-8 ADAM 4150数字量采集器正面

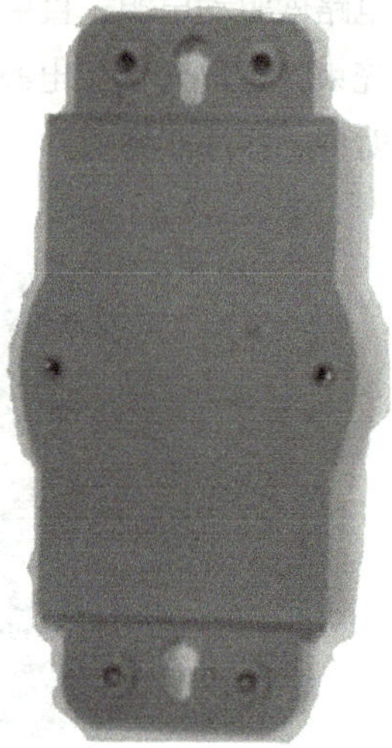

图1-9 ADAM 4150数字量采集器背面

该采集器的主要技术参数和特点如下。

1）7通道输入、8通道输出。

2）宽温运行。

3）高抗噪性：1kV浪涌保护电压输入，3kV EFT及8kV ESD保护。

4）宽电源输入范围：DC10～48V。

5）易于监测状态的LED指示灯。

6）数字滤波器功能。

7）DI通道可以用1kHz计数器。

8）过电流/短路保护。

9）DO通道支持脉冲输出功能。

任务3 智能感应门改造工程实施

一、设备列表

智能感应门硬件设备清单见表1-1。

表1-1 智能感应门设备清单

序号	设备名称	单位	数目
1	ADAM 4150数字量采集器	个	1
2	RS-232转RS-485的无源转换器	个	1
3	红外对射传感器	套	1
4	开发用计算机	台	1

除了以上设备外，还需要配备连接线若干。

二、模拟智能感应门改造工程项目连线图

智能感应门硬件设备连接图如图1-10所示。

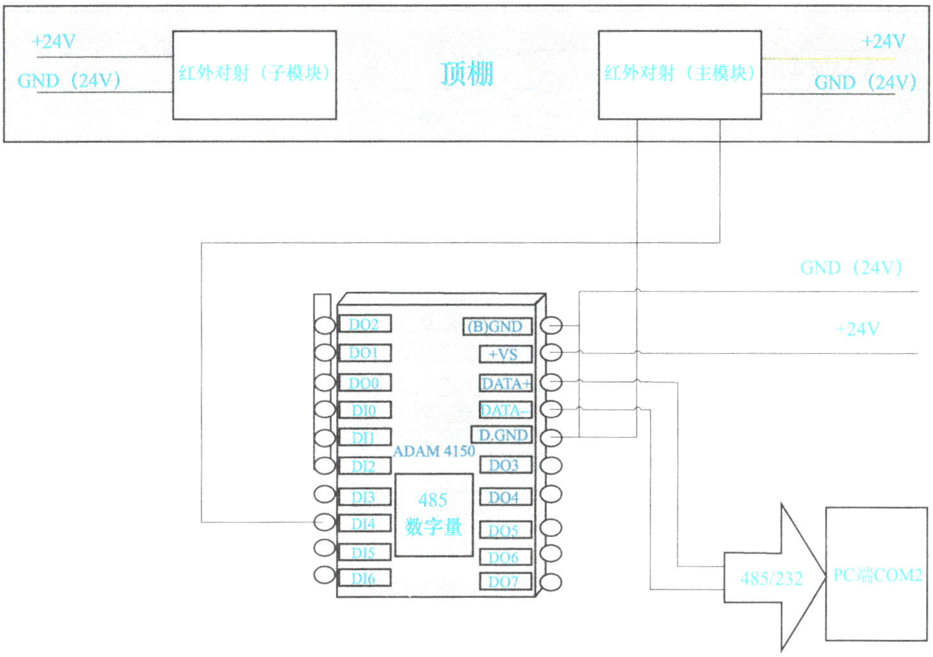

图1-10 智能感应门设备连接图

三、设备安装与布线

1. 设备安装的注意事项

该工程的设备主要安装在入口处，在布线方面需要考虑出入口的人员流动量较大，因此需要做好线路的隐蔽工作，防止人员来往频繁影响设备和线路响应的灵敏度和故障发生率。设备的现场安装效果如图1-11所示。

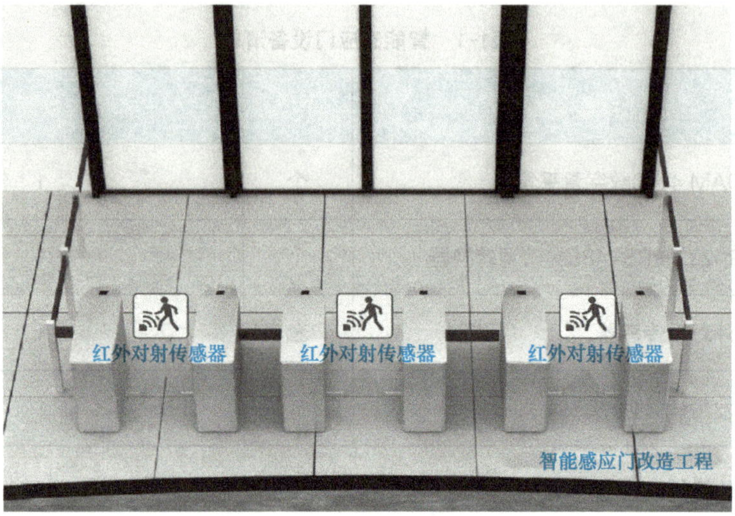

图1-11　设备的现场安装效果图

2. 模拟工程项目的安装与线路接驳步骤

（1）ADAM 4150数字量采集器安装

产品名称	安装布线图
ADAM 4150数字量采集器	

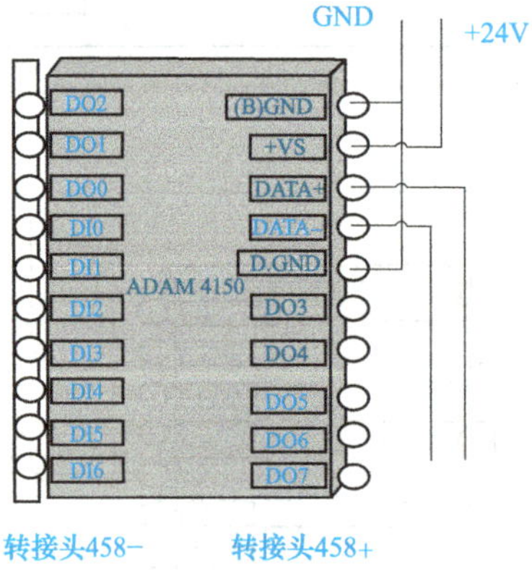

安装布线说明
安装：先将配上的长方形小塑料板安装在工位上，把开关量表面的两颗螺钉旋松，再使开关量背后的螺钉孔对准长方形小塑料板，将开关量安装在塑料板上。按照安装布线图接线。注意有两个GND接头

（2）RS-232转RS-485无源转换器的安装

产品名称	安装布线图
RS-485转换接口	
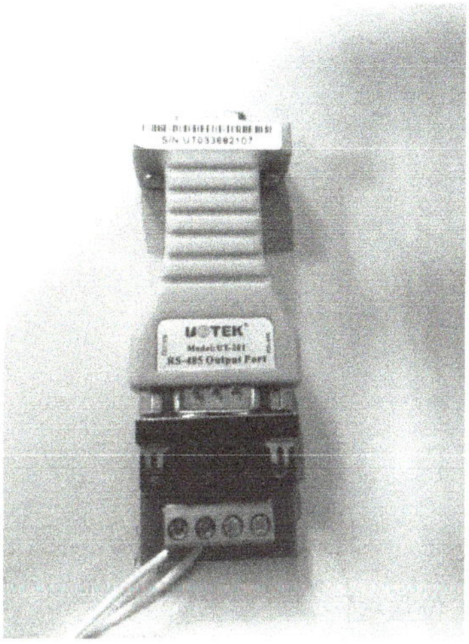	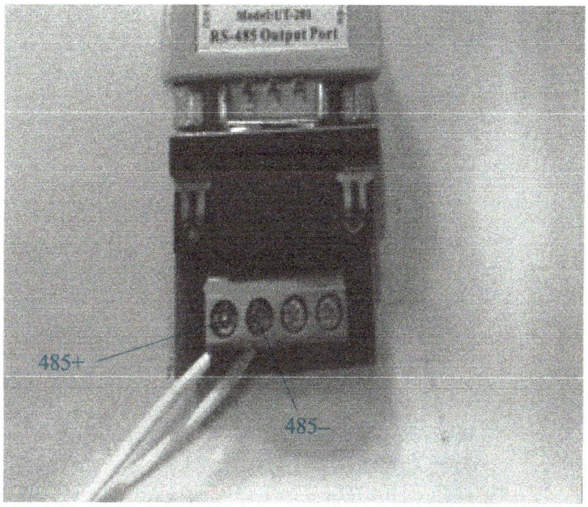

安装布线说明
RS-485转换接口是将采集设备上采集到的数据通过转换接口用串口转接到终端设备上，通过终端来分析采集到的数据。注意：智能感应门工程直接将其接入计算机串口即可

（3）红外对射传感器的安装

产品名称	安装布线图
红外对射传感器	
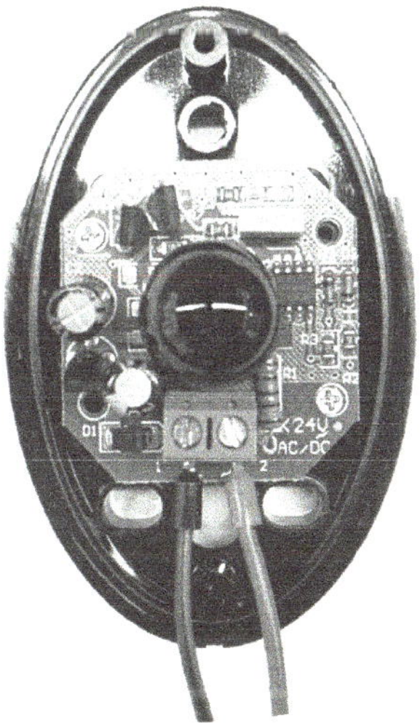	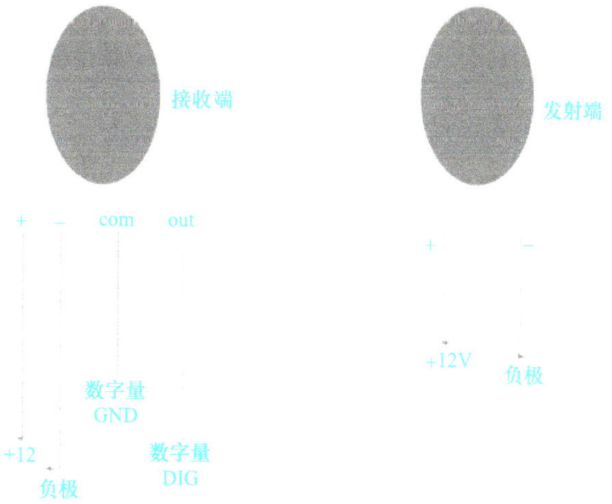

（续）

产品名称	安装布线图
红外对射传感器	
 左工位接线图	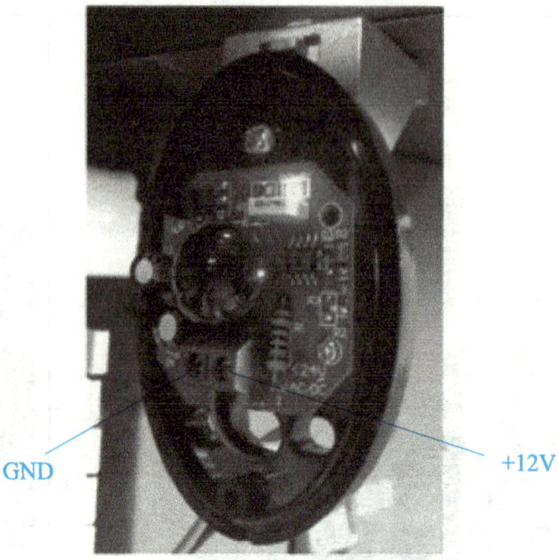 右工位接线图，只接电源
安装布线说明	探测范围：15m、工作电压12V、继电器输出常开常闭可选，用跳线设置 安装说明：最佳安装高度应大于20cm，安装距离不小于2m。安装时应使红外保护装置垂直放置，并在同一水平线上，安装时先安装接收部分，再安装发射部分，当在同一直线上时，接收器中的OFF灯为灭，然后固定，把线接好即安装完成 安装：底座安装在支架上，支架固定在工位上方，红外对射传感器接在两个工位上，面对面放置，相距一定的距离 接线：信号线接在开关量的DI4上 注意：由于本产品发射功率较大，因此当发射器和接收器距离太近时会出现无反应现象，此时应将它们拉开至少1m后再试，当安装距离太近时发现不灵敏，可把发射器和接收器中的聚光透镜除下，即可提高灵敏度
测试方法	用手遮住红外对射线，数字量采集器DI4指示灯亮，说明该设备安装正确

四、智能感应门改造工程实施原理

本工程中使用红外对射传感器、ADAM 4150数字量采集器与计算机实现智能感应门工程。工程部署完毕后，红外对射传感器会将其感应范围内的脉冲红外线的状态传输至ADAM 4150数字量采集器并经由RS-485转RS-232转换器连入计算机串口将红外状态传入计算机。本工程的实施原理如下：

1）当有人经过红外对射传感器范围时，红外对射传感器返回数据1，当无人经过时，返回0。

2）数据传入ADAM 4150数字量采集器，采集器通过RS-485通信方式，将信息传递到计算机串口。

3）计算机读取串口数据，获取数据并打开或关闭感应门。

任务4 智能感应门改造工程配套软件开发

一、背景知识与主要技术

1．外部类库

类库（Class Library）是一个综合性的面向对象的可重用类型集合，这些类型包括接口、抽象类和具体类。

类库可以解决一系列常见编程任务（包括诸如字符串管理、数据收集、数据库连接以及文件访问等任务），还可以解决多种专用开发任务（控制台应用程序、桌面应用程序、Web应用程序等）。

类库的字面意思就是类的集合，类库不等于框架（Framework），框架是比类库更高一级的概念。

在本工程中使用外部类库NewlandLibraryHelper. dll进行工程的开发。

2．DispatchTimer定时器

在生活中，人们用到许多定时用品，大到每天的日出日落，小到生活中用到的秒表。那么，编程中的定时器是什么意思呢？编程中的定时器与生活中的定时器不同，C#的定时器作用是指在一定时间间隔后执行某项操作的功能。C#里关于定时器类有以下3种：

1）定义在System. Windows. Forms里。

2）定义在System. Threading. Timer类里。

3）定义在System. Timers. Timer类里。

编程中使用定时器主要需要做的就是通过使用定时器来达到每隔一段时间做一件事情的功能。例如，需要做一个类似时钟的小程序，就需要用到定时器。把定时器的事件执行间隔设置为1min，这样在每分钟里读取一次本机的时间，就可以起到时钟的作用。

DispatchTimer是一种定时器。它第一次亮相是在Silverlight（WPF）中作为一个后台线程计时器，与原System. Threading. Timer相比，其不同之处在于DispatchTimer是真正在后台线程中独立执行的，而定时器Timer仍然在UI线程中执行，每隔一个指定的时间接管UI线程的控制权，因此DispatchTimer不用像Timer那样需要频繁地在线程中进行切换，以达到对UI的控制。

3．ADAM 4150数字量采集器操作对象相关方法（见表1-2）

表1-2 ADAM 4150数字量采集器操作对象相关方法

方法名称	作用说明
Open()	打开串口读取采集器数据（该方法拥有多种重载）
ControlDO(int id,bool IsOpen)	打开/关闭指定DO口的设备（该方法拥有多种重载）
getAdam4150_DIValue(int ID)	获取指定DI口的设备的数据
getAdam4150_HumanBodyValue()	获取人体红外传感器数据
setAdam4150_Fan1(bool IsOpen)	打开/关闭风扇1
setAdam4150_Fan2(bool IsOpen)	打开/关闭风扇2
Close()	关闭串口，停止获取数据

二、软件实现

1）打开VS2012软件，新建WPF应用程序：智能感应门改造工程。该程序为智能感应门改造工程的配套软件。

2）建立图片资源文件夹。在工程中新建文件夹Images，该文件夹用于存放开发过程中需要使用的图片资源。

3）将配套的图片添加进Images文件夹中。

4）引用外部类库。将外部类库NewlandLibrary添加到工程中并将其他相关外部类库添加到工程Bin目录下。

5）搭建工程界面，完成效果如图1-12所示。该界面主要通过多个Grid容器控件来进行页面的分割，并通过设置其背景图片、透明度等属性来实现。

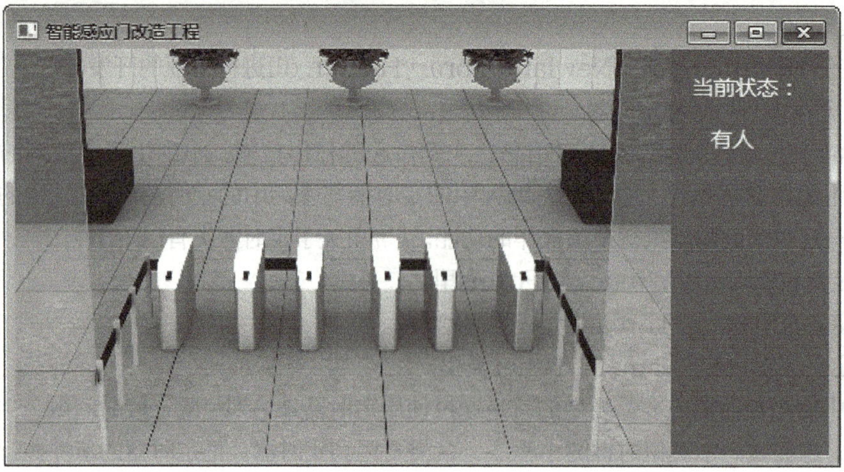

图1-12　智能感应门改造工程界面效果图

6）导入命名空间，可在后面的编程中使用引用的外部类库。代码如下：

```
using NewlandLibraryHelper;
using System.Windows.Threading;
```

7）实现窗体加载事件。在该事件中，实现对串口和定时器的设置。对串口的设置和数据获取等操作功能，都可以利用导入到工程中的NewlandLibraryHelper. dll类库所提供的工具类中的方法来实现。

8）在使用时，先实例化一个该工具类的对象，并通过调用相关的方法来进行操作。代码如下：

```
ADAM4150 adam_helper; //注释1
private void Window_Loaded_1(object sender, RoutedEventArgs e)
{
        //实例化串口帮助对象
        adam_helper = new Adam4150();
        //打开并设置串口
```

```
        adam_helper.Open("Com2");
        //实例化定时器对象
        DispatcherTimer timer = new DispatcherTimer();
        //设置定时器1s执行一次
        timer.Interval = TimeSpan.FromSeconds(1);
        //定时器定时执行事件
         timer.Tick += timer_Tick; //注释2
        //开启定时器
        timer.Start();
    }
```

在上述代码的“注释1”处实例化了一个外部类库所提供的ADAM 4150工具类，该类名为ADAM4150，实例化对象的名称是adam_helper。

在上述代码的“注释2”处是对定时器实例对象timer的Tick事件添加一个委托，该委托是定义定时器轮询时执行的功能函数。在该功能函数中对ADAM 4150数字量采集器的红外对射数据进行获取，并对感应门进行控制。

9）完成定时器轮询事件。实现每隔1s读取一次ADAM 4150数字量采集器中返回的数据，并根据读取到的红外对射数据，完成有人则开启感应门3s、反之则关闭感应门的功能。

```
void timer_Tick(object sender, EventArgs e)
{
//读取红外对射数据
bool? InSuccess = adam_helper.getAdam4150_DIValue(4);
//判断是否有人
if (InSuccess == true)
{
//设置控件状态
txt.Content = "有人";
image.Source = new BitmapImage(new Uri("Images/开门.png", UriKind.Relative));
//线程睡眠3s
Thread.Sleep(3000);
}
else
{
txt.Content = "无人";
image.Source = new BitmapImage(new Uri("Images/关门.png", UriKind.Relative));
}
}
```

二、检验与测试

1）检查设备的连接与布线情况，参考图1-10的布局及连接图，检查所安装的设备。

2）检查设备是否安装牢固。

3）检查设备安装螺母是否加垫片。

4）检查设备接线，是否铜线裸露较多。

5）检查安装线槽盖是否正确安装。

6）启动工程，查看工程是否能正常打开，是否报异常。

7）将手放置于红外对射传感器的某一端，查看工程中是否提示有人，图片是否切换，切换后工程效果和工程预览的效果是否相同。

单元小结

本工程介绍了当前广泛应用的物联网工程应用场景——“红外对射感应自动门”相关设备的安装、调试和配套软件的开发知识。通过对本单元的学习，可以学习在物联网工程中常用的路由器、线路的铺设和设备的安装与调试方法，并能学习物联网工程的设计思路。

拓展训练

试利用本单元的设备和相关知识完成“交通流量统计系统”的工程实施。该工程场景为某交通要道，通过安装红外对射传感器和开发相关系统软件，实现对路口车流量的计数功能。工程需求如下。

1）正确安装红外对射传感器并连线。

2）自行定义系统界面，以美观、操作方便、符合用户操作习惯为宜。

3）实现车辆（模拟）通过路口（模拟）的红外对射传感器时，系统自动进行计数的功能。

4）通过对单位时间（1min）内车流量的统计，系统自动评估出每小时该路口的车流量并显示在界面上。

UNIT 2

单元 2

社区自动照明工程

学习目标

- 掌握光照传感器与继电器的工作原理。
- 掌握工程设备的安装和调试方法。
- 掌握ZigBee的烧写方法。

单元概述

户外照明设施每天都要消耗很多电力资源。在物联网时代，以往通过相关单位统一定时对户外照明设施进行开关的方式已经难以满足节能和差异化的要求。本单元介绍了如何用光照传感器对户外照明设施进行改造升级，以达到节能和区域差异化的管理效果。

任务1 社区自动照明工程概览

一、社区自动照明工程的目的

通过社区灯光自动控制工程的实现，将了解光照传感器与继电器的工作原理，并通过建立工程实现根据社区光照亮度自动开启或关闭灯光的功能。

本工程需要实现的功能主要包括以下几个部分。

1）搭建社区灯光自动控制工程硬件环境。

2）理解光照传感器与继电器的工作原理。

3）编写程序实现根据光照亮度调节社区灯光的功能。

二、社区自动照明工程预览

读者通过对光照传感器数据的实时获取，实现当光照传感器采集的数据低于一个界限时，通过继电器打开灯泡，反之则熄灭灯泡。工程运行效果如图2-1所示。

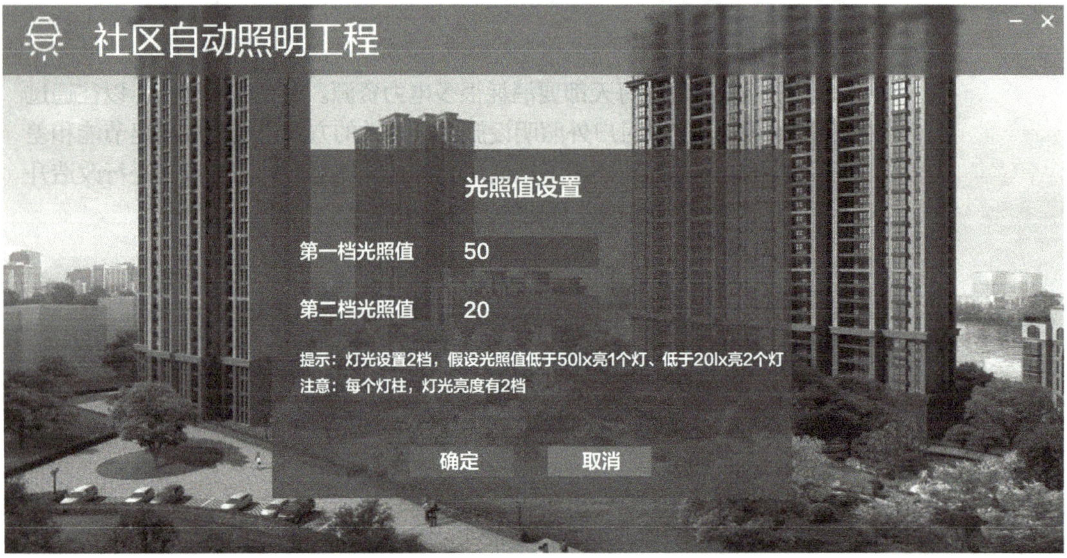

图2-1 社区自动照明工程

任务2 社区自动照明工程分析

一、社区自动照明工程描述

本工程采用光照传感器、ZigBee四通道采集模块、灯泡、继电器等作为核心设备。光照传感器通过使用光敏电阻可以采集生活环境中光线的亮度，采集到的数据通过ZigBee四通道采集模块被传入计算机，通过判断数据的大小将开启或关闭灯泡的命令通过ADAM 4150数字量采集器传入继电器，达到控制灯泡的目的。通过整个工程的实现，可以做到社区照明的自动化。本工程系统用例图如图2-2所示。

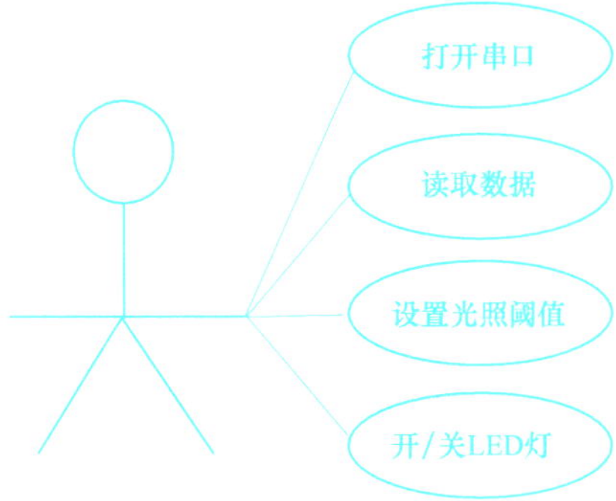

图2-2　社区自动照明工程系统用例图

二、社区自动照明工程背景描述

1. ZigBee协议

无线传感器网络节点要进行相互的数据交流就要有相应的无线网络协议（包括MAC层、路由、网络层、应用层等），而传统的无线协议很难适应无线传感器的低花费、低能量、高容错性的要求。在这种情况下，ZigBee协议应运而生。ZigBee的基础是IEEE 802.15.4。但IEEE仅处理低级MAC层和物理层协议，因此ZigBee联盟扩展了IEEE，对其网络层协议和API进行了标准化。ZigBee是一种新兴的短距离、低速率的无线网络技术，主要用于近距离无线连接。它有自己的协议标准，在数千个微小的传感器之间相互协调、实现通信。这些传感器只需要很少的能量，以接力的方式通过无线电波将数据从一个传感器传到另一个传感器，所以通信效率非常高。ZigBee是一个可由65 000个无线数传模块组成的一个无线数传网络平台，与现有移动通信的CDMA网或GSM网有相似之处。每一个ZigBee网络数传模块类似于移动网络的一个基站，在整个网络范围内，它们之间可以进行相互通信；每个网络节点间的距离可以从标准的75m到扩展后的几百米，甚至几千米；另外，整个ZigBee网络还可以与现有的其他各种网络连接。通常，符合如下条件之一的应用，就可以考虑采用ZigBee技术做无线传输。

1）需要数据采集或监控的网点多；要求传输的数据量不大，而要求设备成本低。

2）要求数据传输可靠性高，安全性高；设备体积很小，不便放置较大的充电电池或者电源模块、电池供电。

3）地形复杂，监测点多，需要较大的网络覆盖的情况。

ZigBee应用层框架包括应用支持层（APS）、ZigBee设备对象（ZDO）和制造商所定义的应用对象。应用层的功能包括维持绑定表、在绑定的设备之间传送消息。所谓绑定就是基于两台设备的服务和需求将它们匹配地连接起来。ZigBee设备对象的功能包括定义设备在网络中的角色（如ZigBee协调器和终端设备），发起和响应绑定请求，在网络设备之间建立安全机制。ZigBee设备对象还负责发现网络中的设备，并且决定向它们提供何种应用服务。ZigBee应用层除了提供一些必要函数以及为网络层提供合适的服务接口外，一个重要的功能是应用者可在这层定义自己的应用对象。

ZigBee节点可分为以下3种类型。

1）ZigBee协调节点：每个ZigBee网络必须有且只有一个ZigBee协调节点，它往往比网络中其他节点的功能更强大，是整个网络的主控节点。它负责发起建立新的网络、设定网络参数、管理网络中的节点以及存储网络中的节点信息等，网络形成后也可以执行路由器的功能。协调节点是ZigBee节点3种类型中最复杂的一种，一般由交流电源持续供电。

2）ZigBee路由节点：负责维护路由信息，可以参与路由发现、消息转发，通过连接别的节点来扩展网络的覆盖范围等。

3）ZigBee终端节点：可以是全功能节点或精简功能节点，它通过ZigBee协调节点或ZigBee路由节点连接到网络，但不允许其他任何节点通过它加入网络。ZigBee终端节点能够以非常低的功率运行。

2. 光照传感器

光照传感器如图2-3所示，是以光敏电阻为核心的一款传感器。其内部在半导体光敏材料两端装上电极引线，将其封装在带有透明窗的管壳里就构成光敏电阻。为了增加灵敏度，两电极常做成梳状。用于制造光敏电阻的材料主要是金属的硫化物、硒化物和碲化物等半导体。光敏电阻通常制成薄片结构，以便吸收更多的光能。当它受到光的照射时，半导体片（光敏层）内就激发出电子—空穴对，参与导电，使电路中的电流增强，且光照越强，其阻值越低。光照传感器的基本结构如图2-4所示，其内部构造如图2-5和图2-6所示。

图2-3　光照传感器实体图

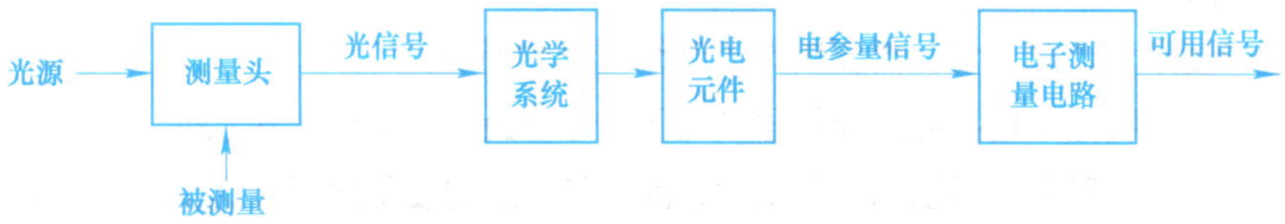

图2-4　光照传感器的基本结构

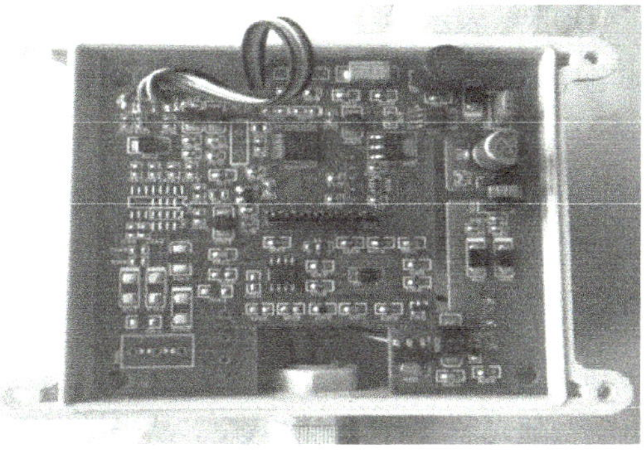

图2-5　光照传感器内部构造（正面）

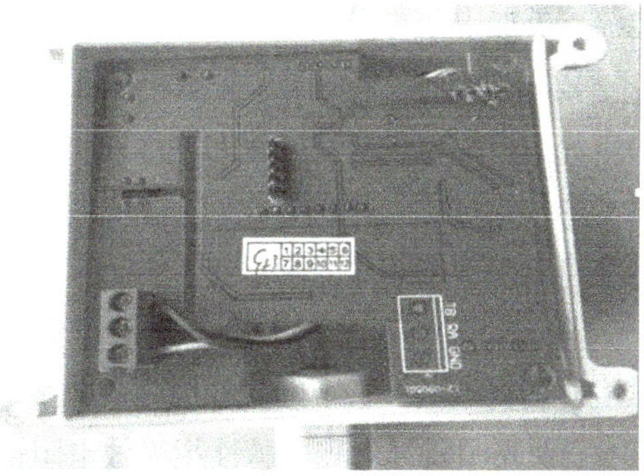

图2-6　光照传感器内部构造（背面）

将光照传感器接入24V电源，光照信号线与电源负极间串联一个150Ω电阻，将万用表调到直流电压档，测电阻两端电压，得出的电压值除以电阻的阻值，得出电流值，计算公式为：电流（A）=电压（V）/电阻（Ω），1A=1000mA，得出的电流值如果在传感器的正常电流范围（4～20mA）内，并且当改变传感器环境时，得到的电流值也会发生变化，则说明该传感器正常。日常环境下光照传感器电流值和改变光照强度后光照传感器电流值分别如图2-7和图2-8所示。

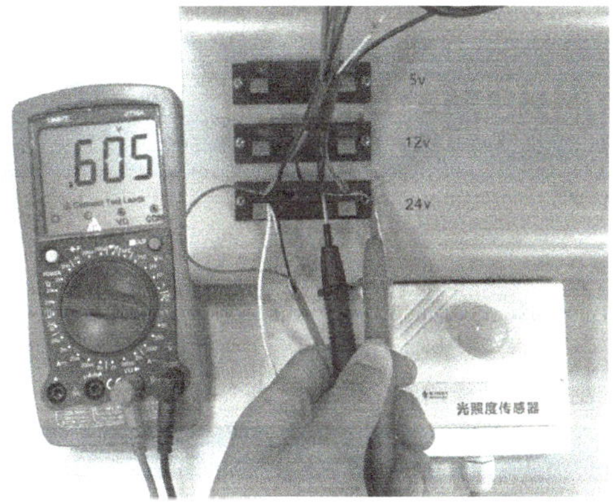

图2-7　日常环境下光照传感器电流值

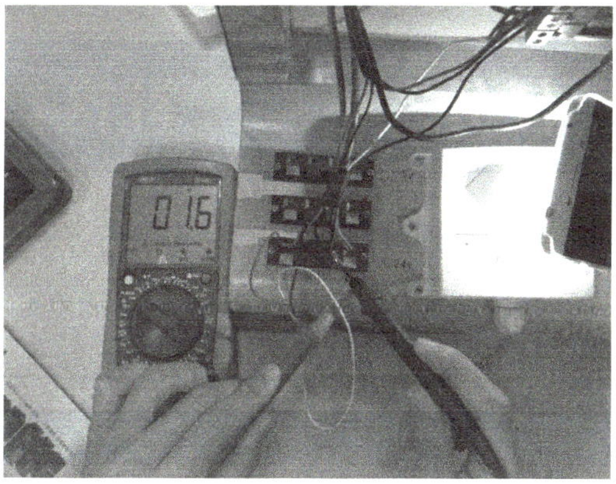

图2-8　改变光照强度后光照传感器电流值

光照传感器数值的变化，最主要的原因是在其内部置有光敏电阻。光敏电阻的工作原理是基于内光电效应。半导体光敏材料由金属的硫化物、硒化物和碲化物等构成，两端装上电极引线，将其封装在带有透明窗的管壳里就构成光敏电阻。当它受到光的照射时，半导体片（光敏层）内就激发出电子-空穴对，参与导电，使电路中电流增强。光照增强，阻值降低，输出电流就增大。光敏电阻造成光照传感器内部电流的变化，从而使光照传感器能对外界光线强度产生反应，进而输出传感器数值。光敏电阻工作原理如图2-9所示。

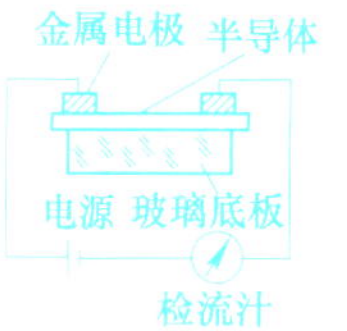

图2-9　光敏电阻的工作原理

光敏电阻具有以下参数与特性。

1）光电流、亮电阻：光敏电阻在一定的外加电压下，当有光照射时，流过的电流称为光电流；外加电压与光电流之比称为亮电阻，常用“100lx”表示。

2）暗电流、暗电阻：光敏电阻在一定的外加电压下，当没有光照射时，流过的电流称为暗电流；外加电压与暗电流之比称为暗电阻，常用“0lx”表示。

3）灵敏度：灵敏度是指光敏电阻不受光照射时的电阻值（暗电阻）与受光照射时的电阻值（亮电阻）的相对变化值。

4）光谱响应：光谱响应又称光谱灵敏度，是指光敏电阻在不同波长的单色光照射下的灵敏度。若将不同波长下的灵敏度画成曲线，就可得到光谱响应的曲线。

5）光照特性：光照特性指光敏电阻输出的电信号随光照度而变化的特性。从光敏电阻的光照特性曲线可以看出，随着光照强度的增加，光敏电阻的阻值开始迅速下降。若进一步增大光照强度，则电阻值变化减小，然后逐渐趋向平缓。在大多数情况下，该特性为非线性。

6）伏安特性曲线：伏安特性曲线用来描述光敏电阻的外加电压与光电流的关系。对于光敏器件来说，其光电流随外加电压的增大而增大。

7）温度系数：光敏电阻的光电效应受温度影响较大，部分光敏电阻在低温下的灵敏度较高，而在高温下的灵敏度则较低。

8）额定功率：额定功率是指光敏电阻用于某种线路中所允许消耗的功率，当温度升高时，其消耗的功率就降低。

任务3 社区自动照明工程实施

一、设备列表

社区灯光自动控制工程硬件设备清单见表2-1。

表2-1 社区灯光自动控制工程设备清单

序号	设备名称	单位	数目
1	光照传感器	个	1
2	ZigBee四通道采集器	个	1
3	继电器	个	2
4	灯泡	个	2
5	ADAM 4150数字量采集器	个	1
6	RS-232转RS-485的无源转换器	个	1
7	串口线	根	2
8	开发用计算机	台	1

除以上设备外，还需要配备连接线若干与各设备电源适配器。

二、模拟工程项目连线图

社区自动灯光控制工程硬件设备连接图如图2-10所示。

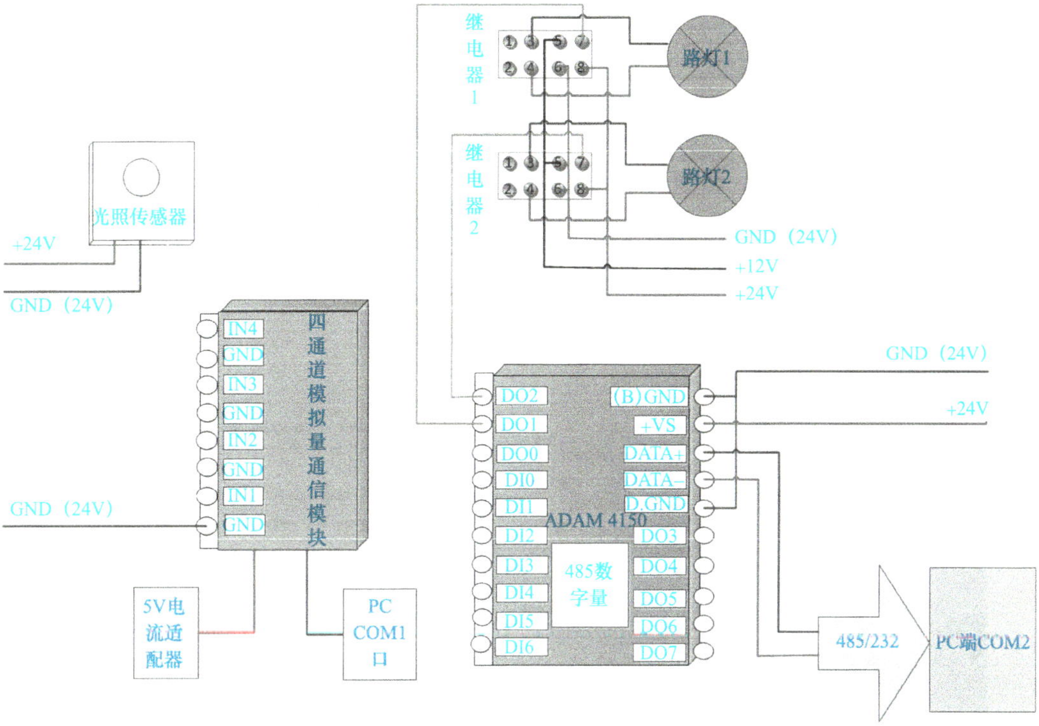

图2-10　社区自动灯光控制工程设备连接图

三、ZigBee烧写说明

1）首先在计算机上安装烧录软件：Setup_SmartRFProgr_1.10.2.exe（如果已经安装就可以跳过此步骤）。

2）将DEBUGGER仿真器和计算机相连接，计算机上会自动安装DEBUGGER驱动程序。

3）将仿真器和需要烧写的ZigBee底板连接起来。

4）双击打开烧录软件SmartRF Flash Programmer后，按下仿真器上的“复位”键，会识别出芯片型号（矩形框标识），如图2-11所示。

5）此时，说明仿真器已经和ZigBee连接成功，接下来就可以选择需要烧录的HEX文件对ZigBee进行烧写，单击“浏览”按钮找到HEX文件存放目录。HEX文件中collector.hex是烧写协调器的代码、relay.hex是烧写继电器的代码、Sensor Route.hex是烧写传感器的代码、“四通道独立采集代码-直连.hex”是烧写四模拟量的代码。本工程需要用到“四通道独立采集代码-直连.hex”文件，烧写完四通道独立采集代码后不需要再进行配置即可使用。

6）选择好需要烧录的HEX文件后，单击“Perform actions”按钮进行烧写。

7）烧写完成后，出现图2-12所示的矩形框，说明烧写成功。

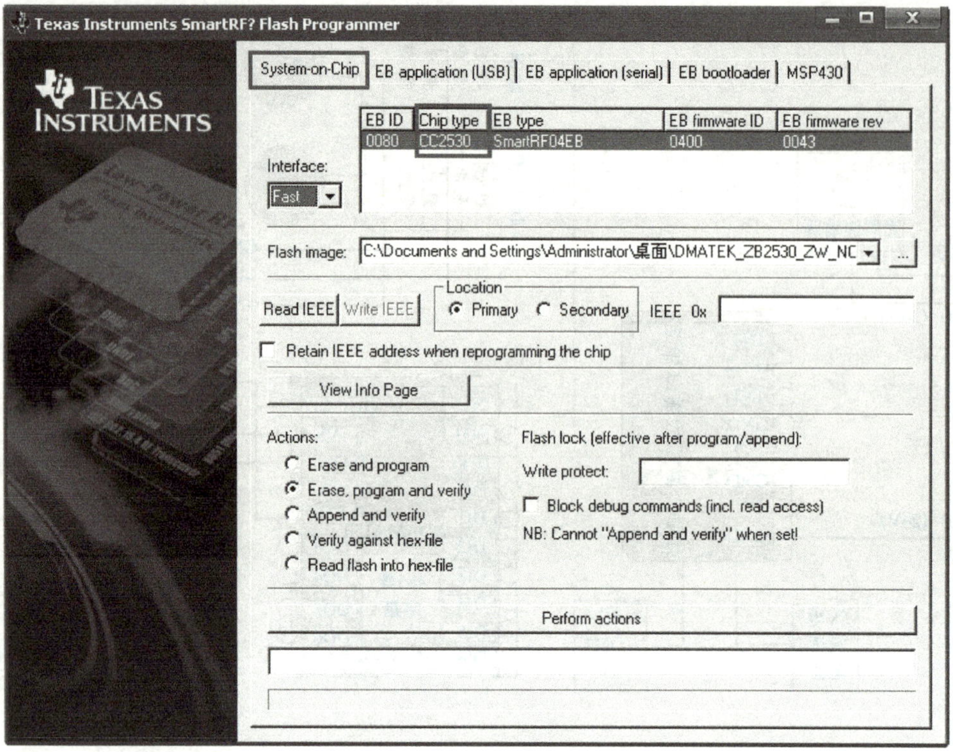

图2-11　按烧写器“复位”键后SmartRF Flash Programmer程序界面

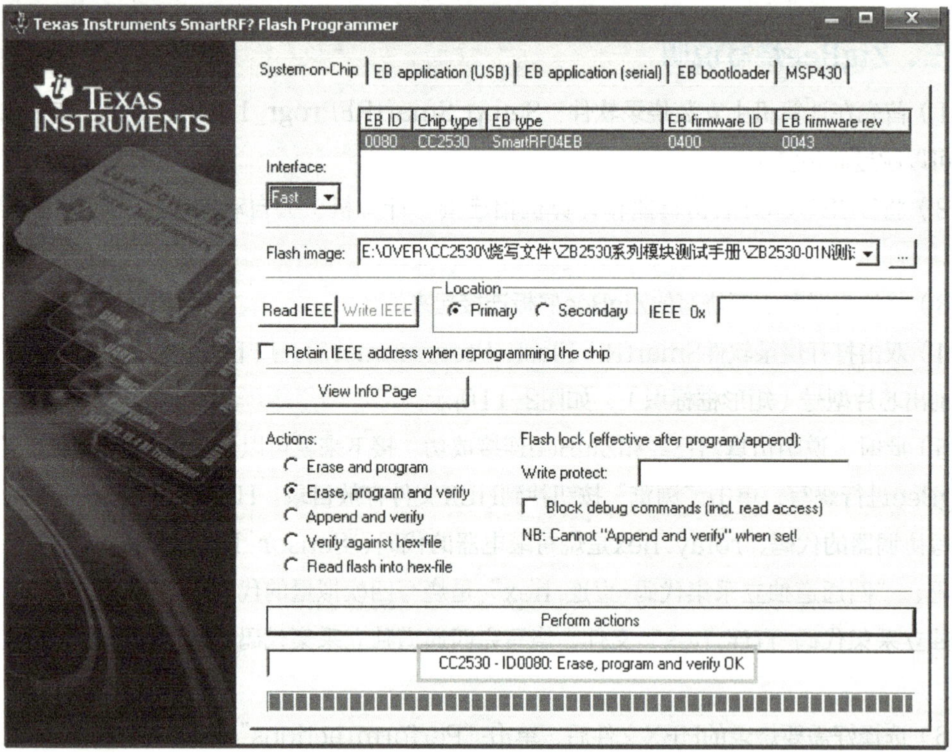

图2-12　烧写成功界面

四、设备安装与布线

1．设备安装位置的选择

该工程中安装光照传感器时要注意，不要将设备直接置于阳光下，一般来说，会将设备安装在百叶箱中。在布线方面需要考虑线路的保护工作，防止设备线路受到天气变化的影响从而造成设备老化，影响设备灵敏度和故障发生率。设备现场安装效果参考图2-13。

图2-13　设备现场安装效果图

2．模拟工程项目的安装与线路接驳步骤

（1）ZigBee四输入模拟量通信模块的安装

<table>
<tr><td>产品名称</td><td rowspan="2">安装布线图</td></tr>
<tr><td>四输入模拟量通信模块</td></tr>
<tr><td>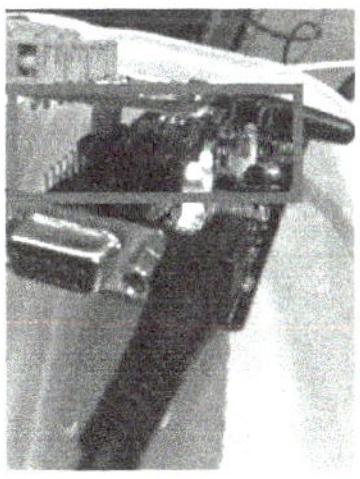</td><td>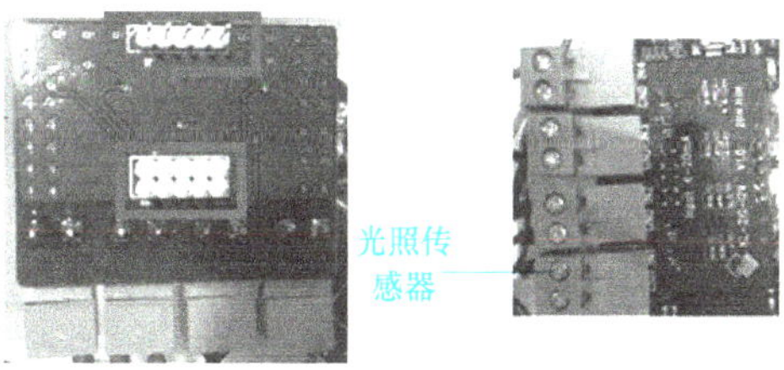</td></tr>
<tr><td colspan="2">安装布线说明</td></tr>
<tr><td colspan="2">4路通道的ZigBee采集模块用于采集模拟信号量，接在ZigBee板上，将采集到的模拟信号量通过ZigBee传输
安装：按要求接入光照传感器数据线，GND接入-24V电源</td></tr>
</table>

（2）光照传感器的安装

产品名称	安装布线图
光照传感器	
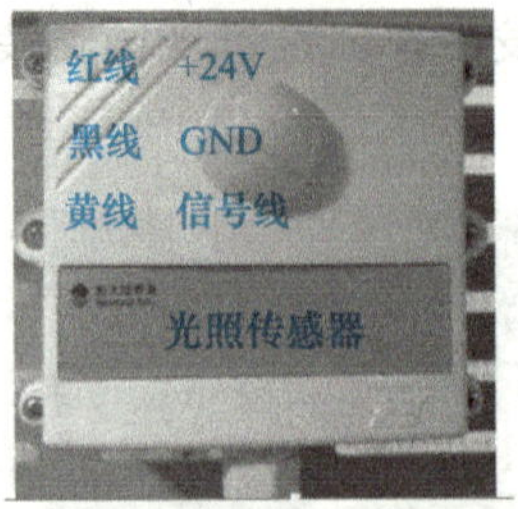	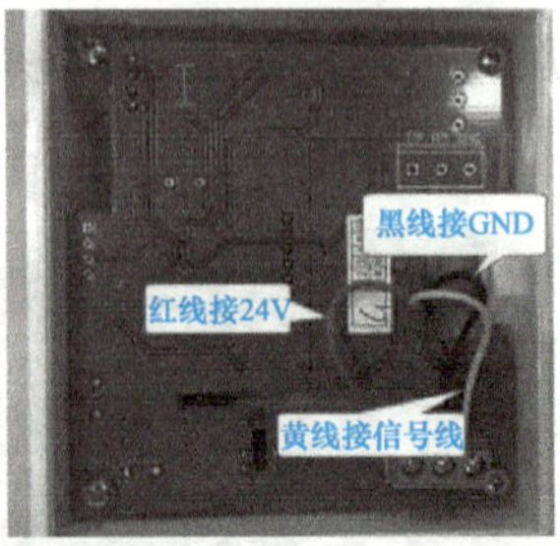
安装布线说明	
采用高灵敏度的光敏元件作为传感器，具有测量范围宽、使用方便、便于安装、传输距离远等特点 安装：通过左右各一个螺钉固定在工位上。接线：红线接+24V；黑线接GND；黄线为信号线，接在四输入模拟量IN1上	

（3）灯泡的安装

产品名称	安装布线图
照明灯	
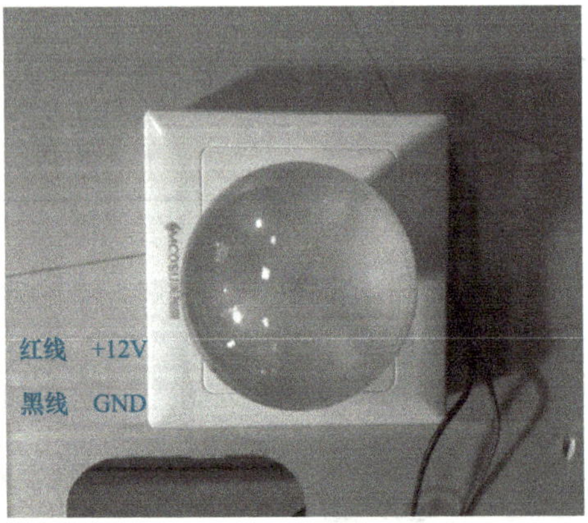	
安装布线说明	
安装：灯座下方有3个拆解卡扣，将盖子打开，用螺钉将底座固定在工位上，底座上的出线孔可自行拆除。接线：接线柱上标有“N”的为电源负极，标“L”的为电源+12V，安装完将盖子装上，再安装好灯泡即可	

（4）继电器的安装

产品名称	安装布线图
继电器	
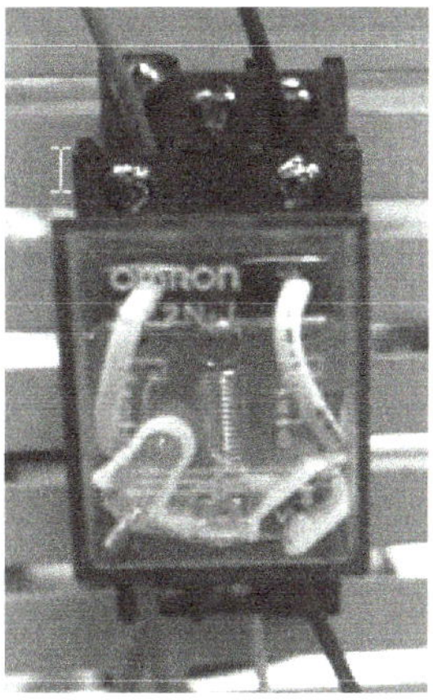	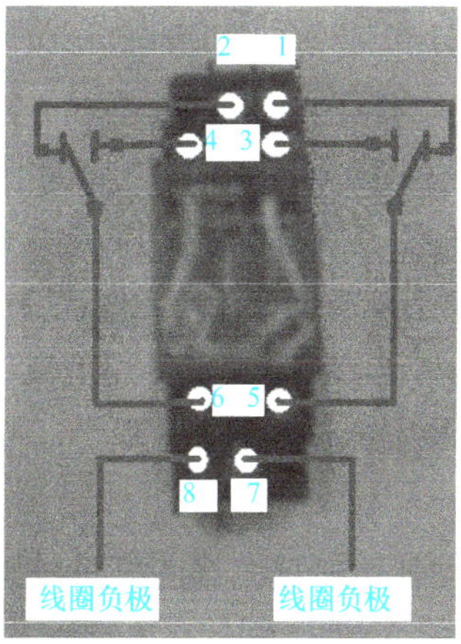
安装布线说明	
安装：扣在凹形小铝条上。接线：7口是设备信号，8口是继电器工作电源（24V），5口、6口根据设备情况接相关电源（本系统中5口接12V地，6口接12V电源）。3口（接灯泡N极）、4口（接灯泡L极）连接设备的电源。当继电器开关闭合时，5口（更改为负极）、6口（更改为正极）电源，3口、4口电源连接并工作	

五、社区自动照明工程实施原理

本工程中使用继电器、ADAM 4150数字量采集器、光照传感器、四通道模拟量采集器与计算机实现社区自动照明工程。工程部署完毕后，四通道模拟量采集器会通过串口不断将当前光照传感器的数据传入计算机。本工程的实施原理如下。

1）光照传感器通过四通道模拟量采集器不断向计算机发送当前光照信息。

2）计算机中预设好光照档值，并对光照数值进行判断，查看其数据处于什么档值。

3）计算机发送开/关灯数据给串口。

4）串口通过RS-485转RS-232无源转换器将数据转换成RS-485格式后输入到ADAM 4150数字量采集器中。

5）ADAM 4150数字量采集器接收到数据，并根据数据给指定的继电器发送信号。

6）继电器接收到信号后控制开关的开合。

7）继电器开关的开合状态决定灯泡的亮与灭。

任务4 社区自动照明工程配套软件开发

一、背景知识与关键步骤

1．MouseUp与MouseDown事件

Button是用来触发某项事件的控件，使用Click作为按钮被单击后执行的事件。在本工程

中，为了让按钮变得美观而容易完成，使用Image控件代替Button控件，为它添加了一个图片的功能。然而，Image控件并没用单击事件，那么应该用什么事件来代替Click事件呢？

MouseUp事件是当鼠标按键被抬起时执行的事件，这里用MouseUp事件来模拟Click事件，在该事件中添加需要实现的功能就可以做到按钮单击后执行的效果。

MouseDown事件是当鼠标按键被按下时执行的事件。为什么模拟单击事件用的是MoseUp而不是MouseDown事件呢？原因很简单，因为当执行MouseDown事件时，鼠标左键处于被按下的状态，这个时候并没有实现单击的功能，而当执行MouseUp事件时，首先要执行一个MouseDown事件才能抬起鼠标，因此使用MouseUp事件。而在MouseDown事件中应该做些什么呢？在这个事件中，可以执行按钮被单击时的图片切换功能。

2. 相对路径与绝对路径

（1）绝对路径

绝对路径是指文件在硬盘上真正存在的路径。例如，“bg. png”这个图片存放在硬盘的“E:\物联网工程项目集锦\单元3 社区自动照明工程\Images”目录下，那么“bg.jpg”这个图片的绝对路径就是“E:\物联网工程项目集锦\单元3 社区自动照明工程\Images\bg. png"。如果要使用绝对路径指定Uri，则应该使用以下语句：

```
new Uri(@"E:\物联网工程项目集锦\单元3 社区自动照明工程\Images\bg.png", UriKind.Absolute)
```

注意：在路径前加@字符的意义是当前字符串下不使用转义字符，如果将@删除，则要将\字符更改为转义字符\\。

事实上，在编程中，很少使用绝对路径。如果使用绝对路径来指定背景图片的位置，那么在自己的计算机上可以正常使用的程序，在其他计算机上运行时，由于该路径下不存在相对应的文件，将导致程序产生运行错误。

（2）相对路径

为了避免上述情况发生，通常在项目里指定文件时，都会选择使用相对路径。所谓相对路径，就是相对于自己的目标文件位置。例如，“MainWindow. xaml. cs”文件里引用了“bg. png”图片，由于“bg. png”图片相对于“MainWindow. xaml. cs”来说是在同一个目录中的，那么只要在MainWindow. xaml. cs中使用相对路径语句，就能在项目运行时呈现正确的图片。

```
new Uri("bg.png", UriKind. Relative)
```

注意：在使用相对路径时目录的分隔字符应使用/字符，例如“Images/bg. png”。

二、社区自动照明工程实现

1）打开VS2012软件，新建WPF应用程序：社区自动照明工程。该程序为社区自动照明工程的配套软件。

2）建立图片资源文件夹。在项目中新建文件夹Images，该文件夹用于存放开发过程中需要使用的图片资源。

3）将配套的图片添加到Images文件夹中。

4）引用外部类库。将外部类库NewlandLibrary.dll添加到项目中并将Comm.Bus.dll、Comm.Sys.dll、Comm.Utils.dll、Newland.DeviceProviderImpl.dll、Newland.DeviceProviderIntf.dll放入项目Bin目录下的Debug文件夹中。

5）搭建程序界面，完成效果如图2-1所示。

6）在窗体代码中添加属性，见表2-2。

表2-2　添加属性说明

属性名称	作用说明
Adam4150 adam	ADAM 4150数字量采集器操作类对象
inPut_4 input	四通道模拟量采集器操作类对象
DispatcherTimer timer	定时器对象
Double? Light_Value	存放光照值（预设值为100d）
Double Light_Low1	存放光照1档值（预设值为50d）
Double Light_Low2	存放光照2档值（预设值为20d）

7）完成窗体最小化与关闭按钮。在窗体代码中添加两个控件的MouseDown与MouseUp事件。在这些事件中，实现当按下鼠标左键时，按钮图片改变，当松开鼠标左键时，图片恢复并执行相应操作的功能。

```
private void Image_MouseDown_1(object sender, MouseButtonEventArgs e)
{
    Image img = sender as Image;
    img.Source = new BitmapImage(new Uri("Images/wintl_mini_press.png", UriKind.Relative));
//更换图片
}
private void Image_MouseUp_1(object sender, MouseButtonEventArgs e)
{
    Image img = sender as Image;
    img.Source = new BitmapImage(new Uri("Images/wintl_mini_nor.png", UriKind.Relative));
//更换图片
    this.WindowState = WindowState.Minimized;//注释1
}
private void Image_MouseDown_3(object sender, MouseButtonEventArgs e)
{
    Image img = sender as Image;
    img.Source = new BitmapImage(new Uri("Images/wintl_closed_press.png", UriKind.
Relative));//更改图片
}
private void Image_MouseUp_3(object sender, MouseButtonEventArgs e)
{
    Image img = sender as Image;
    img.Source = new BitmapImage(new Uri("Images/wintl_closed_nor.png", UriKind.Relative));
```

```
//更改图片
        adam.Close();//关闭采集器对象
        input.Close();//关闭采集器对象
        timer.Stop();//停止定时器
        Application.Current.Shutdown();//停止调试项目
    }
```

在上述代码的“注释1”处，实现将当前窗体状态设置为最小化效果的功能，其中this表示的是当前的窗体，WindowState是窗体的状态属性。WindowState中包含了三个状态设置，分别为：Maximized（窗体最大化设置），Minimized（窗体最小化设置），Normal（窗体初始化设置，即将窗体大小恢复成原来设置的大小）。

8）编辑窗体加载事件。在窗体代码中添加Loaded事件。在该事件中实例化采集器操作对象并打开相应串口，实现使用定时器对采集器进行轮询的效果。代码如下：

```
private void Window_Loaded_1(object sender, RoutedEventArgs e)
{
    adam.Open("Com2");//打开采集器串口
    input.Open("Com1");//打开采集器串口
    timer.Interval = TimeSpan.FromSeconds(1);//设置定时器轮询间隔
    timer.Tick += timer_Tick;//添加定时器执行事件
    timer.Start();//开启定时器
}
```

9）编辑定时器执行事件。在定时器事件中实现获取光照值的同时判断光照值是否低于设定档值。如果低于1档，则开启部分路灯；如果低于2档，则开启所有路灯。代码如下：

```
void timer_Tick(object sender, EventArgs e)
{
    Light_Value = input.getInPut4_Illumination();//获取光照数值
    if (Light_Value <= Light_Low2)//判断光照数值是否低于第2档值
    {
        adam.ControlDO(1, true);//开启路灯1
        adam.ControlDO(2, true);//开启路灯2
    }
    else if (Light_Value < Light_Low1)//判断光照数值是否低于第1档值
    {
        adam.ControlDO(1, true);//开启路灯1
        adam.ControlDO(2, false); //关闭路灯2
    }
    else
    {
        adam.ControlDO(1, false);//关闭路灯1
        adam.ControlDO(2, false);//关闭路灯2
    }
}
```

10）编辑“确定”按钮单击事件。为“确定”按钮添加MouseUp事件，在该事件中需要对文本框中的设定档值进行判断。如果设定档值满足所有需求，则将设定档值投入工程使用的过程中。

```
private void Image_MouseUp_2(object sender, MouseButtonEventArgs e)
{
    if (Light1.Text == "" || Light2.Text == "")//判断档值设置框是否为空
    {
        MessageBox.Show("请填写光照阈值");//弹出提示
        return;
    }
    Double.TryParse(Light1.Text.Trim(), out Light_Low1);//注释1
    Double.TryParse(Light2.Text.Trim(), out Light_Low2);
    if (Light_Low1 == null || Light_Low2 == null)//判断设定档值是否解析失败
    {
        Light_Low1 = 50d;//还原预设档值
        Light_Low2 = 20d;//还原预设档值
        MessageBox.Show("请填写正确的光照阈值");//弹出提示
        return;
    }
    if (Light_Low1 < Light_Low2)//判断设定1档值是否低于设定2档值
    {
        Light_Low1 = 50d; //还原预设档值
        Light_Low2 = 20d; //还原预设档值
        MessageBox.Show("错误：1档数值比2档数值低！！");//弹出提示
        return;
    }
}
```

在上述代码的“注释1”处，实现了将一个字符串类型的数据转换成双精度类型数据的功能，如果转换双精度类型失败，则TryParse方法传给对应变量的数据将为null。相似的方法还有Double. Parse(string s)等。注意：大多数类型都拥有该方法。

11）编辑“取消”按钮单击事件。为“取消”按钮添加MouseUp事件，实现当用户单击“取消”按钮时，清除光照设定档值的设置值的功能。代码如下：

```
private void Image_MouseUp_4(object sender, MouseButtonEventArgs e)
{
    Light1.Text = "";//清空文本框
    Light2.Text = "";
}
```

三、检验与测试

1）启动项目，查看项目是否启动失败。

2）将手放置于光照传感器上，查看路灯是否开启。

3）输入设定档值，查看是否判断设定档值输入错误。

单元小结

本单元的工程选自当前应用较多的公用照明工程，对该类型工程的智能改造进行简单的场景模拟。本单元在技术上加强了学生对设备和编程开发的熟练程度，让读者对物联网工程的工作原理有了更多了解。

拓展训练

试利用本单元的设备和相关知识完成“办公节能系统”的项目实施。该项目场景为某办公大楼，通过智能化改造项目实现节省照明能源。需求如下。

1）正确安装和部署人体红外传感器、继电器、照明灯和光照传感器。

2）自行定义系统界面，以美观、操作方便、符合用户操作习惯为宜。

3）实现当人体红外传感器检测到有人时，并且光照传感器实时监测当光照度小于50lx时开启照明灯，并在系统上显示照明灯的开/关状态。

UNIT 3

单元3 小区红外感应楼道灯光系统

扫描二维码
观看视频

学习目标

- 掌握继电器的使用方法。
- 掌握改造系统的设计原理。
- 掌握系统设备的安装和调试方法。
- 掌握软件开发技术。

单元概述

楼道灯属于室内灯中的一种，与户外照明设施不同的是，它不用再像户外照明设施那样在一段时间内持续点亮。本单元介绍了通过光照传感器与人体红外传感器的联动以达到节能与照明相结合的双重智能化管理效果的方法。

任务1 小区红外感应楼道灯光系统概览

一、系统功能概述

通过小区红外感应楼道灯光系统的实现，了解红外传感器的工作原理，掌握串口服务器的使用方法，并通过建立工程实现当人体红外传感器感应到有人经过时判断光照亮度实现开启或关闭灯光的功能。

本系统需要实现的功能主要包括以下几个部分。

1）搭建小区红外感应楼道灯光系统硬件环境。

2）理解人体红外传感器的工作原理。

3）编写程序实现根据人体红外传感器与光照亮度调节社区灯光的功能。

二、系统功能预览

小区红外感应楼道灯光系统通过对人体红外传感器与光照传感器的实时监测，实现当有人经过楼道时，判断楼道亮度是否低于一个界限，低于临界值则打开灯光，高于临界值则熄灭灯光。工程运行效果如图3-1所示。

图3-1 小区红外感应楼道灯光系统

任务2 小区红外感应楼道灯光系统分析

一、小区红外感应楼道灯光系统描述

本工程采用光照传感器、人体红外传感器、ADAM 4150数字量采集模块作为核心设备。人体红外传感器可以通过红外感应对楼道进行检测。当感应到有人时，ADAM 4150数字量采集模块返回True，反之则返回False。通过判断光照传感器检测到的数据，根据人体红外传感器返回的数值对灯光进行控制，实现楼道灯光的智能管理。本工程系统用例图如图3-2所示。

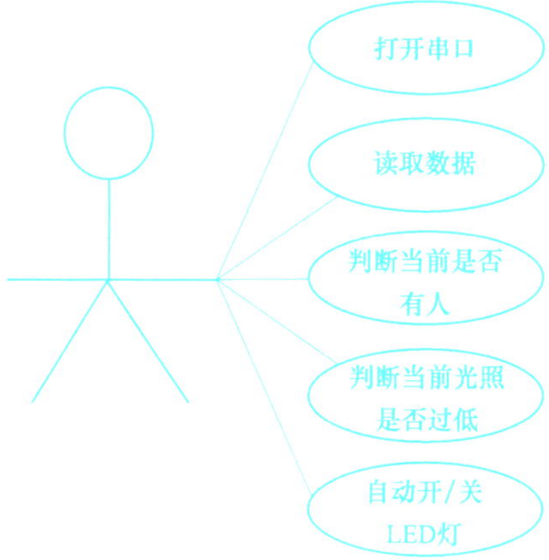

图3-2　感应楼道灯光工程系统用例图

二、小区红外感应楼道灯光系统背景知识

1．继电器

继电器又称中间继电器，常用于继电保护与自动控制系统中，以增加触点的数量及容量，还被用于在控制电路中传递中间信号。继电器实物如图3-3所示。

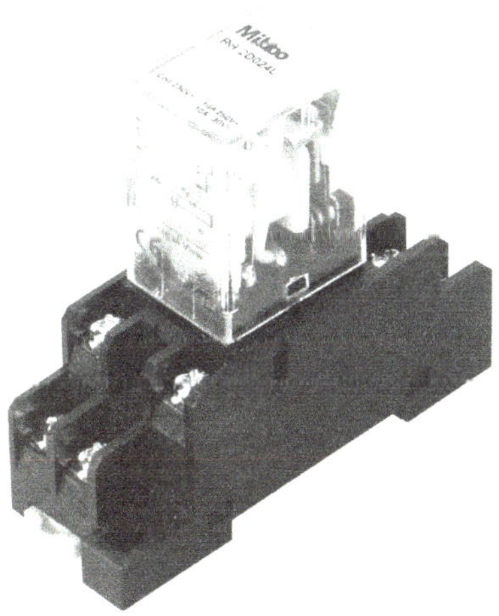

图3-3　继电器实物图

常见的继电器一般由固定铁心、动铁心、弹簧、动触点、静触点、线圈、接线端子和外壳组成。线圈通电，动铁心在电磁力作用下动作吸合，带动动触点运动，使常闭触点分开，常开触点闭合；线圈断电，动铁心在弹簧的作用下带动动触点复位。

在工业控制线路和现在的家用电器控制线路中，常常会用到继电器。对于不同的控制线路，继电器的作用有所不同。其在线路中的常见作用有以下几种。

（1）代替小型接触器

继电器的触点具有一定的带负载能力，当负载容量比较小时，可以用来替代小型接触器使用，比如电动卷闸门和一些小家电的控制。这样不仅可以达到控制的目的，而且可以节省空间，使电器的控制部分做得比较精致。

（2）增加接点数量

在电路控制系统中，线路中增加一个继电器，不仅不会改变控制形式、增加接点数量，而且便于维修。

（3）增加接点容量

继电器的接点容量虽然不是很大，但也具有一定的带负载能力，同时其所需要的驱动电流又很小，因此可以用继电器来扩大接点容量。而在控制线路中使用继电器，通过继电器来控制其他负载，可达到扩大控制容量的目的。

（4）转换接点类型

在工业控制线路中，可以将一个继电器与原来的接触器线圈并联，用继电器的常闭触点去控制相应的元件，转换接点类型，可以实现需要使用接触器的常闭触点才能达到的控制目的。

（5）用作开关

在一些控制线路中，常常使用继电器触点的开闭来控制一些电器元件的通断。如彩色电视机或计算机显示器中常见的自动消磁电路，用晶体管控制继电器的通断，以达到控制消磁线圈通断的作用。

（6）转换电压

在工业控制线路中电压是DC 24V，而电磁阀的线圈电压是AC 220V，安装一个继电器，可以将直流与交流、高压与低压分开，便于以后的维修并有利于安全使用。

（7）消除电路中的干扰

在工业控制或计算机控制线路中，虽然有各种各样的干扰抑制措施，但干扰现象还是或多或少地存在，在其内部加入一个继电器，可以达到消除干扰的目的。

2．人体红外传感器

人们肉眼看得见的管线叫可见光，可见光的波长为380～750nm，从短到长依次排序是紫光→蓝光→绿光→黄光→橙光→红光。波长比红光更长的光，叫作红外光，或叫作红外线。

自然界中任何有温度的物体都会辐射红外线，只不过辐射的红外线波长不同而已。实验表明，人体辐射的红外线（能量）波长主要集中在10 000nm左右。根据人体红外线波长的这个特性，如果用一种探测装置探测到人体辐射的红外线而去除不需要的其他光波，则能实现监测人体活动信息的目的。因此，就出现了探测人体红外线的传感器产品。人体红外传感器是根据这个原理制作而成的，其正面、背面构造如图3-4和图3-5所示。

图3-4　人体红外传感器正面构造图

图3-5　人体红外传感器背面构造图

测试人体红外传感器。将传感器接入电源正负极，将万用表调到直流电压档，万用表一只表笔接信号线，另一只表笔接电源负极，测电阻两端电压。当人体红外传感器测试有人时，电压值为24V；无人时为4V以下。无人状态下的电压显示如图3-6所示，有人状态下的电压显示如图3-7所示。

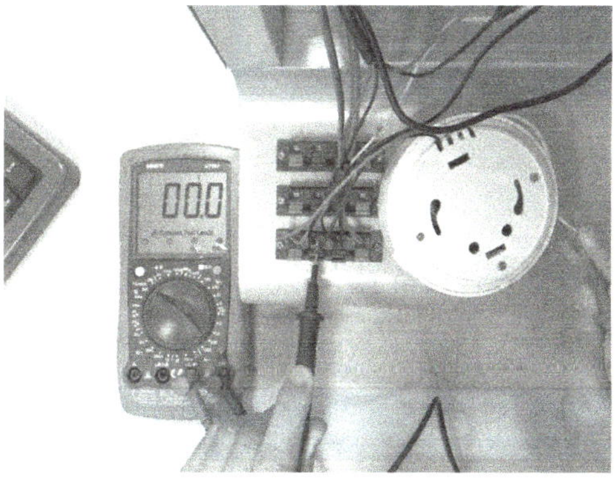

图3-6　无人状态下电压显示图

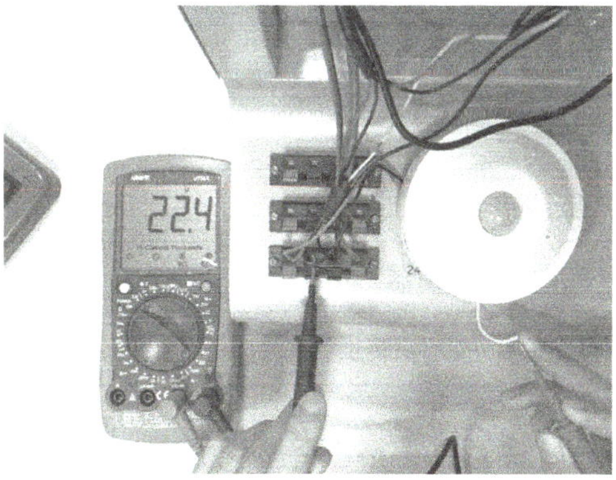

图3-7　有人状态下电压显示图

人体红外传感器具有体积小、使用方便、工作可靠、监测灵敏、探测角度大、感应距离远等一系列特点，已在各个领域中得到了广泛应用。人体红外传感器实物如图3-8所示。

图3-8 人体红外传感器实物图

任务3 小区红外感应楼道灯光系统实施

一、设备列表

小区红外感应楼道灯光系统硬件设备清单见表3-1。

表3-1 小区红外感应楼道灯光系统设备清单

序号	设备名称	单位	数目
1	光照传感器	个	1
2	灯泡	个	1
3	继电器	个	1
4	人体红外传感器	个	1
5	ZigBee四通道采集器	个	1
6	ADAM 4150数字量采集器	个	1
7	RS-232转RS-485的无源转换器	个	1
8	串口线	根	2
9	开发用计算机	台	1

除以上设备外，还需要配备连接线若干与各设备电源适配器。

二、模拟小区红外感应楼道灯光系统连线图

小区红外感应楼道灯光系统硬件设备连接图如图3-9所示。

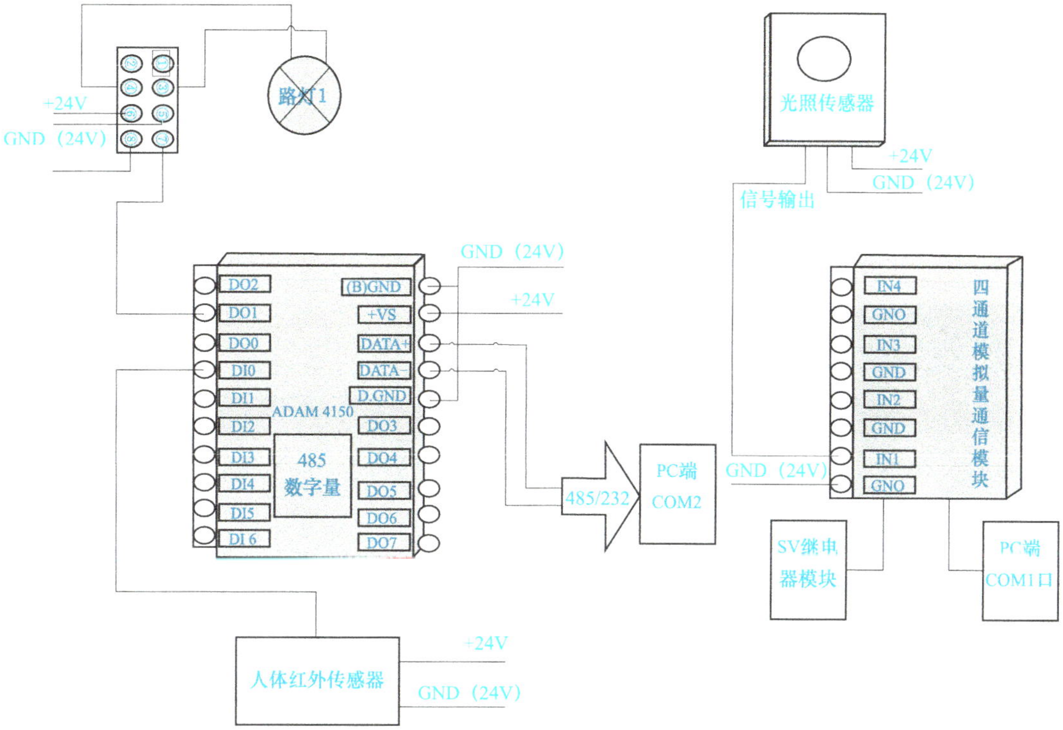

图3-9　小区红外感应楼道灯光系统硬件设备连接图

三、设备安装与布线

1．设备安装的注意事项

该工程的设备主要安装在社区楼道中，传感器的安装位置要考虑到用户习惯。用户通常更为关注前方的照明情况，因此传感器的安装位置要置前，照明设备要置后。同时，由于线路多埋在墙体内部，因此要做好线路的保护工作，并且在材质的选择上要选抗老化、耐腐蚀的线材。设备现场安装效果参见图3-10。

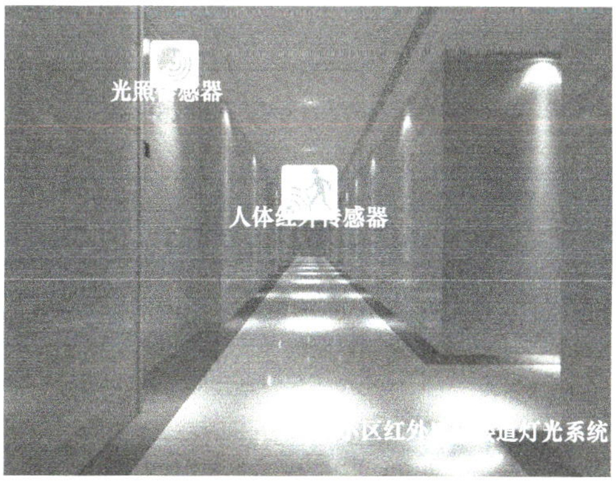

图3-10　设备现场安装效果图

2．模拟工程的安装与线路接驳步骤

1）ADAM 4150数字量采集器、四通道模拟量通信模块的安装与线路连接。参照前面单元的步骤对四通道模拟量通信模块的ZigBee底板进行配置代码的烧写。

2）安装光照传感器。

3）安装继电器与照明灯。

4）安装人体红外传感器。

产品名称	安装布线图
人体红外传感器	

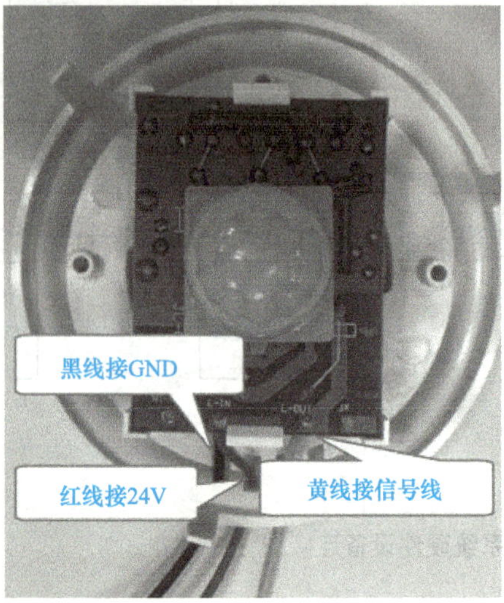

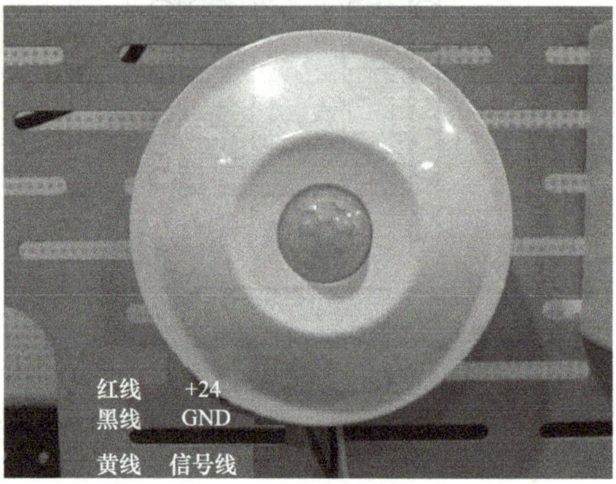

安装布线说明
在光线较暗的环境中，人体红外传感器能检测到人体移动，当行人进入其感应范围时自动开启负载，离开后自动延时关闭 安装：底座用螺钉固定在工位上，再盖上盖子。接线：红线接+24V；黑线接GND；黄线接信号线，信号线接在开关量DI0上
安装是否正确的测试
使用产品配套的黑色泡沫，遮住该传感器约10s。数字量采集器的DI0指示灯状态亮表示“无人”、灭表示“有人”，说明该设备安装正确。

任务4 小区红外感应楼道灯光系统配套软件开发

一、小区红外感应楼道灯光系统实现

1）打开VS2012软件，新建WPF应用程序：小区红外感应楼道灯光系统。该程序为小区

红外感应楼道灯光系统的配套软件。

2）建立图片资源文件夹。在工程中新建文件夹Images，该文件夹用于存放开发过程中需要使用的图片资源。

3）将配套的图片添加到Images文件夹中。

4）引用外部类库。将外部类库NewlandLibrary.dll添加到工程中并将Comm.Bus.dll、Comm.Sys.dll、Comm.Utils.dll、Newland.DeviceProviderImpl.dll、Newland.DeviceProviderIntf.dll放入工程Bin目录下的Debug文件夹中。

5）搭建程序界面，完成效果如图3-1所示。

6）在窗体代码中添加属性，见表3-2。

表3-2 属性说明

属性名称	作用说明
Adam4150 adam	ADAM 4150数字量采集器操作对象
inPut_4 input	四通道模拟量采集器操作对象
DispatcherTimer timer	定时器
Double? Light_Value	存放光照值（预设值为100d）
bool? isBody	存放人体红外数据（预设值为false）
bool isOpen	存放是否开启感应控制（预设值为false）

7）参照前面单元的思路实现最小化与关闭按钮的功能。

8）编辑窗体加载事件。在窗体代码中添加Loaded事件。在该事件中实例化采集器操作对象并打开相应串口，实现使用定时器对采集器进行轮询的效果。代码如下：

```
private void Window_Loaded_1(object sender, RoutedEventArgs e)
{
    adam.Open("COM1");//打开采集器串口
    input.Open("COM2");//打开采集器串口
    timer.Interval = TimeSpan.FromMilliseconds(200);//设置定时器轮询时间间隔
    timer.Tick += timer_Tick;//添加定时器执行事件
    timer.Start();//启动定时器
}
```

9）编辑定时器执行事件。在定时器事件中实现对光照传感器与人体红外传感器的轮询效果，并通过人体红外数据对人体红外感应图片进行设置。代码如下：

```
void timer_Tick(object sender, EventArgs e)
{
    isBody = adam.getAdam4150_DIValue(0);
    LightValue = input.getInPut4_Illumination();
```

```
        if (isBody == true)
        {
            body_img.Source = new BitmapImage(new Uri("Images/induction_on.png", UriKind.Relative));
        }
        else
        {
                body_img.Source = new BitmapImage(new Uri("Images/induction_off.png", UriKind.
Relative));
        }
    }
```

10）添加“感应控制”按钮单击事件。为“感应控制”按钮添加MouseUp事件，实现单击“感应控制”按钮启动感应控制后，通过判断当前光照值大小与人体红外数据打开或关闭楼道灯的效果；当单击“感应控制”按钮关闭感应控制后，停止判断。代码如下：

```
    private void btn_MouseUp_1(object sender, MouseButtonEventArgs e)
    {
        if (!isOpen)
        {
            btn.Source = new BitmapImage(new Uri("Images/switch_on.png", UriKind.Relative));
            if (LightValue <= 50 && isBody == true)
            {
                adam.ControlDO(1, true);
                back.Source = new BitmapImage(new Uri("Images/bg_light.png", UriKind.Relative));
            }

            else
            {
                adam.ControlDO(1, false);
                back.Source = new BitmapImage(new Uri("Images/bg_night.png", UriKind.Relative));
            }
            isOpen = true;
        }

        else
        {
            btn.Source = new BitmapImage(new Uri("Images/switch_off.png", UriKind.Relative));
            adam.ControlDO(1, false);
            back.Source = new BitmapImage(new Uri("Images/bg_night.png", UriKind.Relative));
            isOpen = false;
        }
    }
```

二、检验与测试

1）检验小区红外感应楼道灯光系统硬件环境。

2）检查系统运行情况，测试程序可以根据人体红外线与光照亮度调节楼道灯光。

单元小结

本单元介绍了在物联网工程中常见的多传感器组合的场景，通过人体红外感应和光照传感器搭建了一个在日常生活中较为常见的场景来进行说明，主要介绍了如何在监听外部情况的同时按业务需求进行设备的自动控制。

拓展训练

试利用本单元的设备和相关知识完成“温室光照监控系统”的工程实施。该工程场景为温室大棚，通过相关系统软件的开发，实现温室内部光线强度的监控。工程需求如下：

1）正确安装和部署相关设备。

2）自行定义系统界面，以美观、操作方便、符合用户操作习惯为宜。

3）实现对光照传感器数据的实时获取并通过LED屏进行显示。

4）可设定光照强度的上、下阈值。当光照强度大于或小于设定阈值时，在LED屏上进行提示。

UNIT 4

单元4 车辆自动停泊计费系统

扫描二维码观看视频

学习目标

- 掌握串口服务器的使用方法。
- 掌握改造系统的设计原理。
- 掌握系统设备的安装和调试方法。
- 掌握软件开发技术。

单元概述

随着科技的发展，汽车作为一种交通工具逐渐走入千家万户。而随着汽车的增多，停车位的需求也随之增长。因此，智能化的车辆停泊计费系统就应运而生了。本单元介绍了使用红外对射传感器获取车辆停泊记录并通过计算车辆停车时间来计算车辆停泊费用的方法。

任务1 车辆自动停泊计费系统概览

一、系统功能概述

通过车辆自动停泊计费系统的实现，了解高频读卡器与LED的工作原理，掌握摄像头的使用，并通过建立工程实现智能停车收费功能。

本工程需要实现的功能主要包括以下几个部分。

1）搭建车辆自动停泊计费系统硬件环境。

2）理解高频读卡器与LED的工作原理。

3）编写程序实现根据停车时间进行收费的功能。

二、系统功能预览

本工程完成后，将通过对红外对射传感器的实时感知，检测车位是否有车停泊，检测到有车辆停泊时开始计时，车辆离开时计时结束，计算车辆停泊总时间并根据总时间计算停车费用，实现收费功能。工程运行效果如图4-1所示。

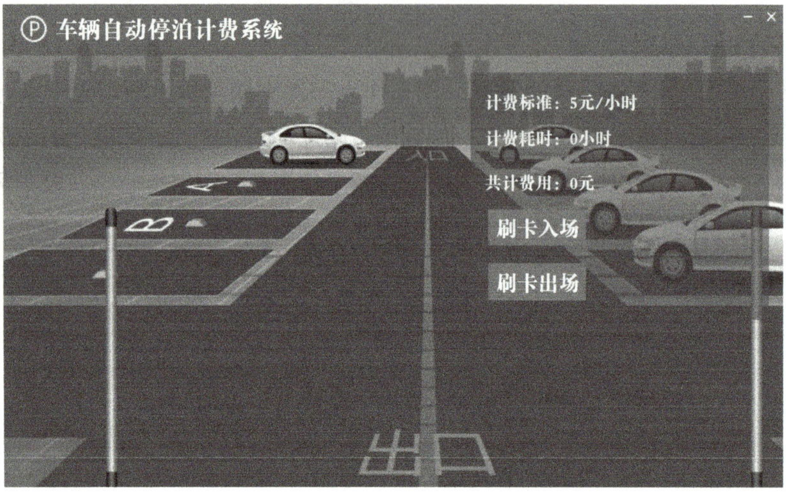

图4-1 车辆自动停泊计费系统

任务2 车辆自动停泊计费系统分析

一、车辆自动停泊计费系统描述

本系统采用高频读卡器、LED、ADAM 4150数字量采集模块、红外对射传感器、串口服务器作为核心设备。高频读卡器使用的是RFID技术中的一种。本系统将实现的主要功能如下。

1）当车辆进入停车场时，通过高频读卡器获取停车卡ID。

2）根据人体红外传感器，对车辆停泊时间进行计时。

3）根据车辆停泊时间，对车辆停泊费用进行计算。

4）将车辆停泊费用显示在LED上。

本系统用例图如图4-2所示。

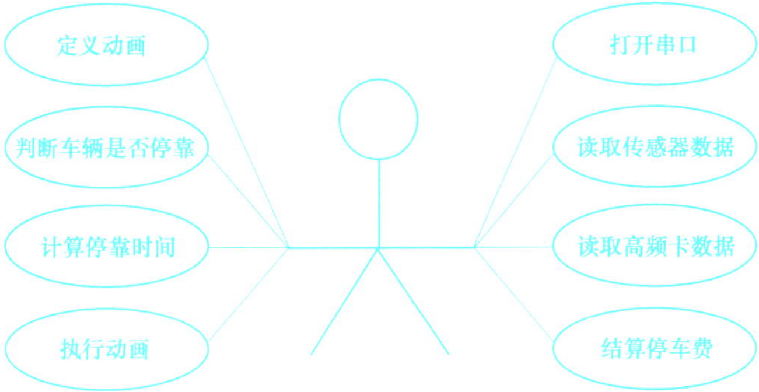

图4-2　车辆自动停泊计费系统用例图

二、车辆自动停泊计费系统背景描述

1．射频识别技术

射频识别技术（Radio Frequency Identification，RFID）是20世纪80年代发展起来的一种自动识别技术，它利用射频信号通过空间耦合（交变磁场或电磁场）实现无接触信息传递并通过所传递的信息达到识别的目的，实现对静止或移动物体的自动识别。

RFID技术具有防水、耐高温、使用寿命长、读取距离远、标签数据可以加密、存储数据容量大、存储信息可以随意修改、可以识别高速运动中的物体、可识别多个标签、可以在恶劣环境下工作等优点。

随着物联网概念的兴起，RFID在社会生产生活中的应用再一次被推向了高潮。目前RFID应用范围越来越广，涉及智能物流、商品防伪、国防军事、智能交通、电子门票、身份识别和一卡通等多个领域。

RFID系统主要由电子标签、天线、读写器和主机组成，如图4-3所示。

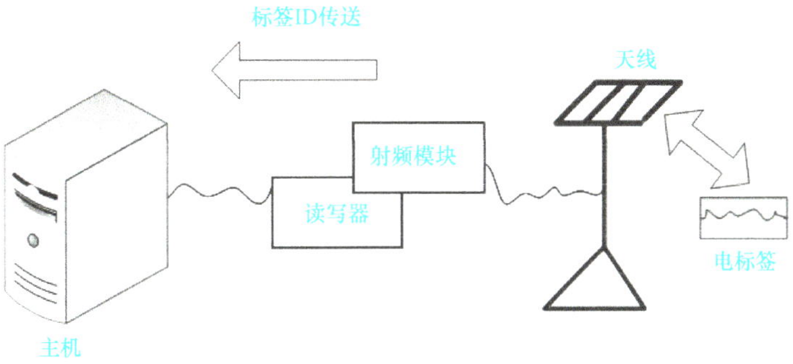

图4-3　RFID系统的组成

RFID可按下面两种方式进行分类。

（1）按照标签的供电形式分类

有源电子标签，又称主动标签（Active Tag），标签的工作电源完全由内部电池提供，同时标签电池也给标签的无线发射和接收装置供电。

半有源射频标签，又称半被动标签（Semi-passive Tag），可以使用微型纽扣电池给芯片供电，而天线接收和发射仍然通过阅读器发射的电磁波获取能量，因此本身耗电很少。

无源电子标签：又称被动标签（Passive Tag），没有内部电池，当标签处在阅读器的读出范围之外时，电子标签处于无源状态，而在阅读器的读出范围之内时，电子标签从阅读器发出的射频能量中提取其工作所需的电源能量。

（2）按照标签的工作频率分类

低频段电子标签：30～300kHz。

中高频段电子标签：3～30MHz。

超高频标签：433.92MHz、862（902）～928MHz。

微波标签：2.45GHz、5.8GHz。

RFID的工作原理如下。

读写器通过发射天线发送一定频率的射频信号，当RFID进入发射天线工作区域时产生感应电流，标签获得能量被激活，将自身编码等信息通过内置发送天线发送出去，系统接收天线接收到标签发送来的载波信号，经天线调节器传送到读写器，读写器对接收的信号进行解调和解码，然后将其送到后台主系统进行相关处理。主系统根据逻辑运算判断该标签的合法性，针对不同的设定做出相应的处理和控制，发出指令信号控制执行机构动作。

标签、读写器通信的方式和能量感应方式有电感耦合和电磁反向散射耦合两种。

1）电感耦合方式也称磁耦合，一般适用于中低频的近距离RFID系统。这种近距离的电感耦合系统通过空间高频交变磁场实现耦合，依据的是电磁感应定律。

2）电磁反向散射耦合采用雷达原理模型，读写器发射出去的电磁波遇到目标后一部分被目标吸收，一部分以不同的强度散射到各个方向，其中一小部分携带目标信息反射回发射天线，并被天线吸收（读写器的发射天线也是接收天线），对接收信号进行处理和放大，即可获得目标的相关信息。

2．路由器

路由器（Router）是连接互联网中各局域网、广域网的设备，它会根据信道的情况自动选择和设定路由，以最佳路径按前后顺序发送信号。 路由器是互联网的枢纽，相当于“交通警察”的角色。目前路由器已经广泛应用于各行各业，各种不同档次的产品已成为实现各种骨干网内部连接、骨干网间互联和骨干网与互联网互联互通业务的主力军。路由器和交换机的主要区别就是交换机发生在OSI参考模型第二层（数据链路层），而路由器发生在第三层，即网络层。这一区别决定了路由器和交换机在移动信息的过程中需使用不同的控制信息，所以说两者实现各自功能的方式是不同的。

路由器（Router）又称网关设备（Gateway），用于连接多个逻辑上分开的网络。所谓逻辑网络代表一个单独的网络或者一个子网。当数据从一个子网传输到另一个子网时，可通过路由器的路由功能来完成。因此，路由器具有判断网络地址和选择IP路径的功能，它能在多网络互联环境中建立灵活的连接，可用完全不同的数据分组和介质访问方法连接各种子网，路由器只接收源站或其他路由器的信息，属网络层的一种互联设备。本系统中使用的路由器实物如图4-4所示。

图4-4　D-Link路由器实物图

D-Link路由器配置如下。

1）接通电源适配器后，长按路由器后的重置按钮10s，让系统重置，如图4-5所示。

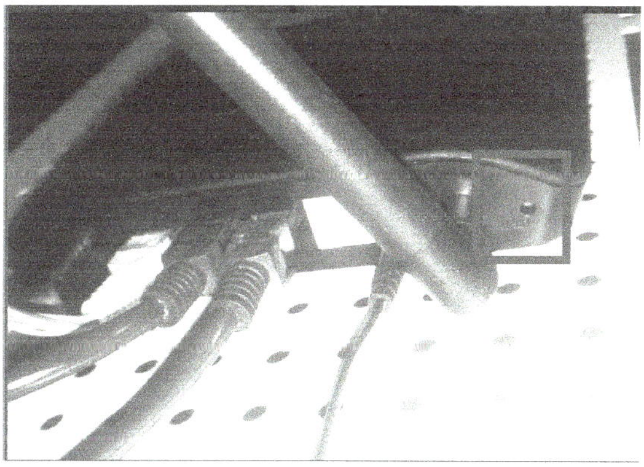

图4-5　无线路由器重置按钮

2）将主控计算机用网线连接至无线路由器的LAN口。无线路由器LAN口如图4-6所示，注意是接普通网线的接口，不是接外部Internet接入线接口。

3）在主控计算机上打开IE浏览器，输入192.168.0.1，进入路由器管理界面。输入用户名和密码（用户名：admin，密码：空）后单击“确定”按钮，如图4-7所示。

4）选择网络设置，将路由器IP地址改为192.168.14.1（也可以改为其他网段，修改为其他网段时需要对其他设备的网段也做相应的修改），改完单击“保存设定”按钮，如图4-8所示。IP地址修改成功后，系统会要求重新登录，再次执行第3）步，重新登录路由器。

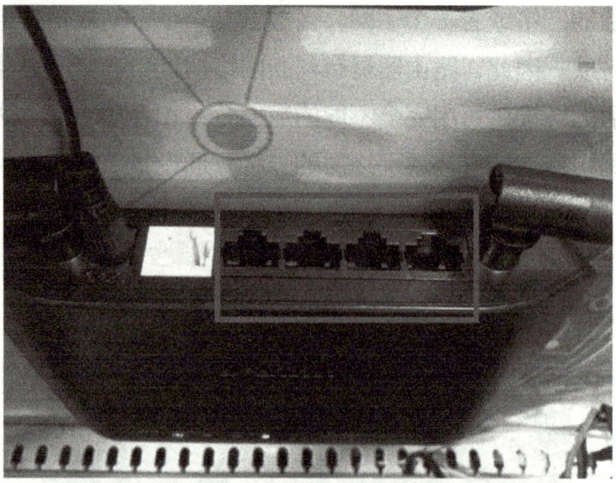

图4-6　无线路由器LAN口

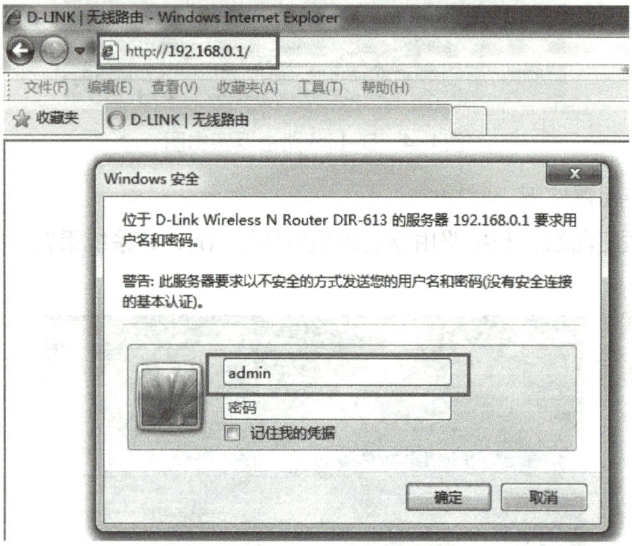

图4-7　无线路由器登录界面

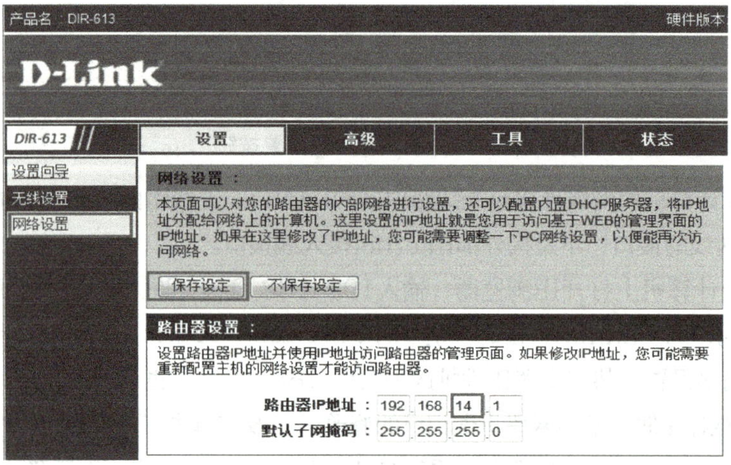

图4-8　无线路由器网络设置界面一

5）单击“无线设置”按钮，如图4-9所示。

6）设置网络名称和网络密钥。这里将网络名称设置为EDUTLD，密钥0123456789。单击“保存”按钮，如图4-10所示，路由器将会重启，需重新登录后查看配置结果。

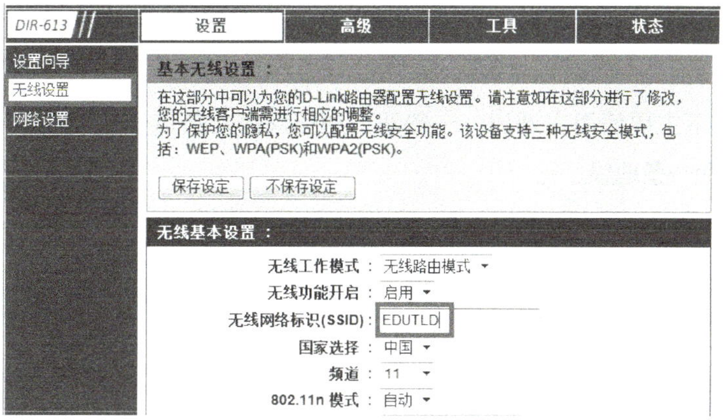

图4-9　无线路由器网络设置界面二

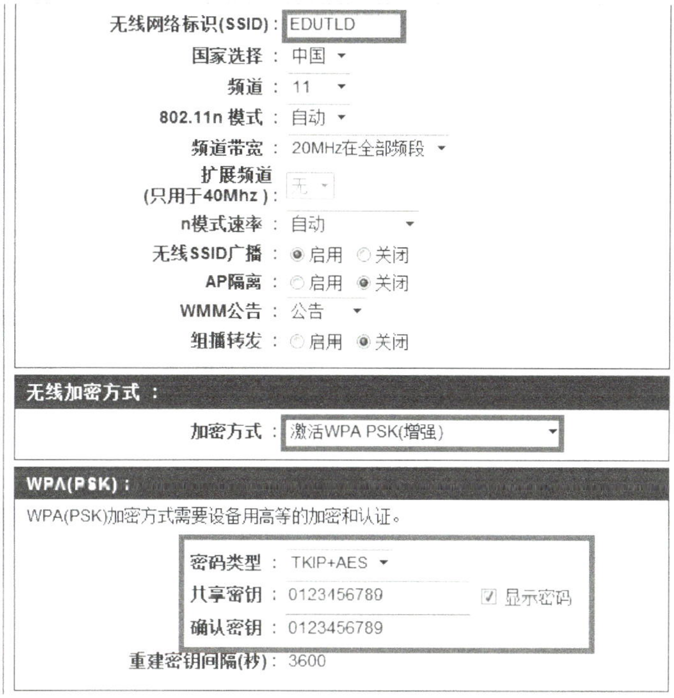

图4-10　无线路由器网络设置界面三

3．串口服务器

串口服务器是为RS-232/RS-485/RS-422到TCP/IP之间完成数据转换的通信接口转换器。提供RS-232/RS-485/RS-422终端串口与TCP/IP网络的数据双向透明传输，提供串口转网络功能。RS-232/RS-485/RS-422转网络的解决方案，可以让串口设备立即联网。

（1）RS-232接口

RS-232-C是美国电子工业协会（Electronic Industry Association，EIA）制定的一种串行物理接口标准。RS是推荐标准（Recommended Standard）的缩写，232为标识号，C表示修改次数。RS-232-C总线标准设有25条信号线，包括一个主通道和一个辅助通道。

在多数情况下主要使用主通道，一般双工通信仅需几条信号线就可实现，如一条发送线、一条接收线和一条地线。

RS-232-C标准规定的数据传输速率（bit/s）为600、1200、2400、4800、9600、19 200、38 400等。

RS-232在串行通信时，要求通信双方都采用一个标准接口，使不同的设备可以方便地连接起来进行通信。RS-232-C接口（又称EIA RS-232-C）是目前最常用的一种串行通信接口（RS-232-C中的“-C”只表示RS-232的版本，所以与“RS-232”简称是一样的）。

（2）RS-485接口

智能仪表是随着20世纪80年代初单片机技术的成熟而发展起来的。现在世界仪表市场基本被智能仪表所垄断，究其原因就是企业信息化的需要。企业在给仪表选型时一个必要条件就是要具有联网通信接口。最初是通过数据模拟信号输出简单过程量，后来仪表接口采用RS-232接口，这种接口可以实现点对点的通信方式，但这种方式不能实现联网功能，随后出现的RS-485解决了这个问题。

RS-485采用差分信号负逻辑，+2V～+6V表示“0”，-6V～-2V表示“1”。RS-485有两线制和四线制两种接线，四线制是全双工通信方式，两线制是半双工通信方式。在RS-485通信网络中一般采用的是主从通信方式，即一台主机带多台从机。很多情况下，连接RS-485通信链路时只是简单地用一对双绞线将各个接口的“A”“B”端连接起来，而忽略了信号地的连接，这种连接方法在许多场合是能正常工作的，但却埋下了很大的隐患。这里有两个原因。①共模干扰问题：RS-485接口采用差分方式传输信号，并不需要相对于某个参照点来检测信号，系统只需检测两线之间的电位差就可以了，但人们往往忽视了收发器有一定的共模电压范围，RS-485收发器共模电压范围为-7～+12V，只有满足上述条件，整个网络才能正常工作。当网络线路中共模电压超出此范围时，就会影响通信的稳定可靠，甚至损坏接口；②EMI问题：发送驱动器输出信号中的共模部分需要一个返回通路，如没有一个低阻的返回通道（信号地），就会以辐射的形式返回源端，整个总线就会像一个巨大的天线一样向外辐射电磁波。

串口服务器的一般配置步骤如下。

1）将串口服务器网络线直接接在本机的网络接口上（也可以通过路由器连接，两种连接方法均不影响后续步骤）。

2）找到配套资源中的“中金TS产品驱动”文件夹，双击其中的“vser.msi”文件，根据提示，安装串口服务器驱动程序，如图4-11和图4-12所示。

图4-11　串口服务器驱动程序安装界面一

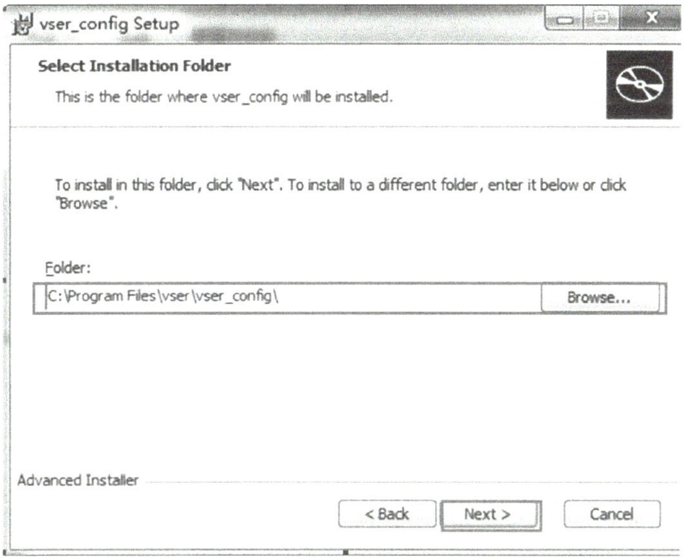

图4-12　串口服务器驱动程序安装界面二

3）打开串口服务器软件“vser_config. exe”，如图4-13所示。扫描设备，记住串口服务器的IP地址，如“192. 168. 0. 200”（见图4-14），修改本机IP地址，使其与串口服务器处于同一网段，可参照图4-15。要以管理员权限操作，如出现故障则转到步骤10。

图4-13　打开串口服务器配置软件

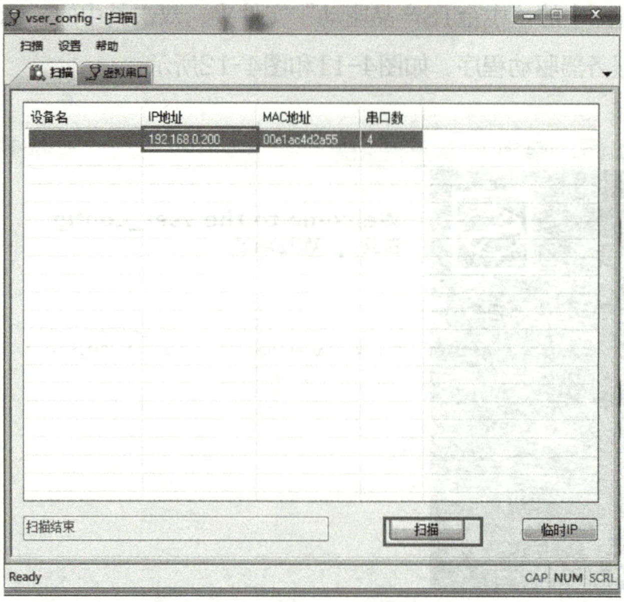

图4-14　扫描串口服务器IP地址

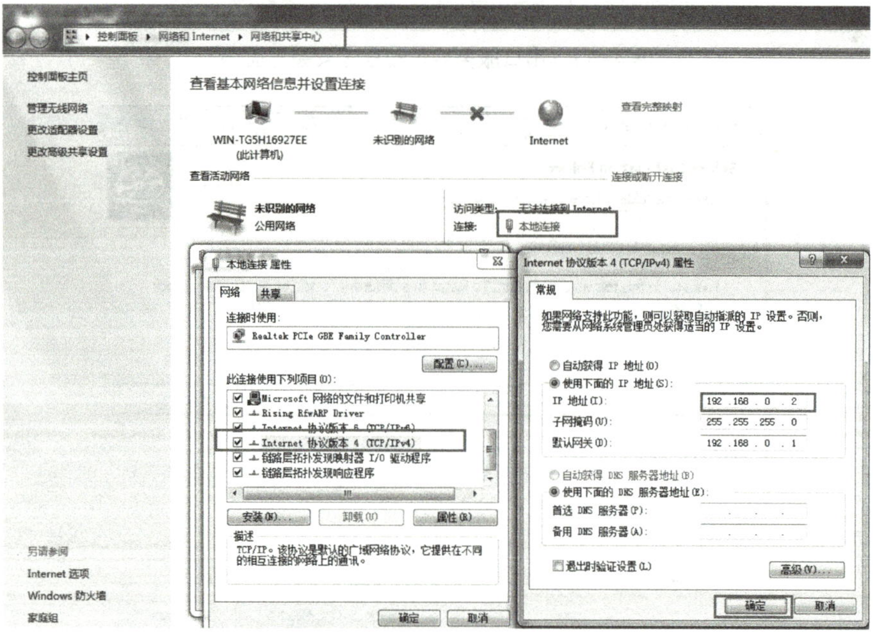

图4-15　修改本机IP地址与串口服务器一个网段

4）在主控计算机上打开IE，输入串口服务器的IP地址，如“192.168.0.200”，单击“服务器设置”按钮，修改IP地址为“192.168.14.200”，修改网关为“192.168.14.1”，单击“确定”按钮，如图4-16所示。

5）单击“串口设置”按钮。在“串口选择：”选项的“1”中设置波特率为9600，此接口接RS-485转RS-232端子（数字量和模拟量采集器），单击“确定”按钮；接着在“串口选择：”选项的“2”中设置波特率为38 400，此接口接ZigBee协调器，单击“确定”按钮；

接着在“串口选择：”选项的“4”中设置波特率为9600，此接口接LED屏，单击“确定”按钮，如图4-17所示（这里只要进行设置就可以，连接相关设备会在后续内容中介绍）。

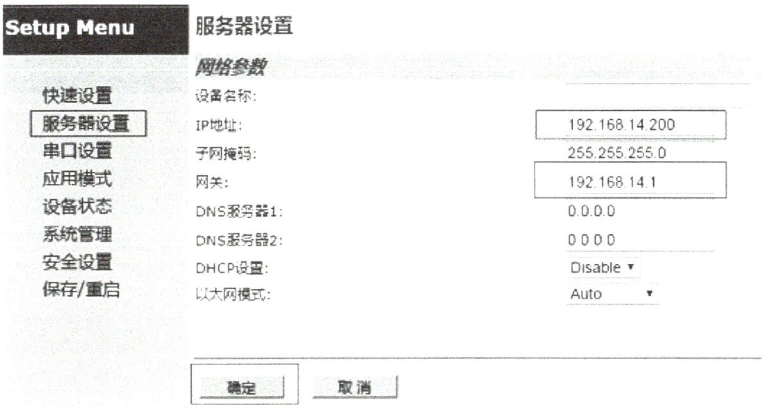

图4-16　修改串口服务器IP地址与路由器一个网段

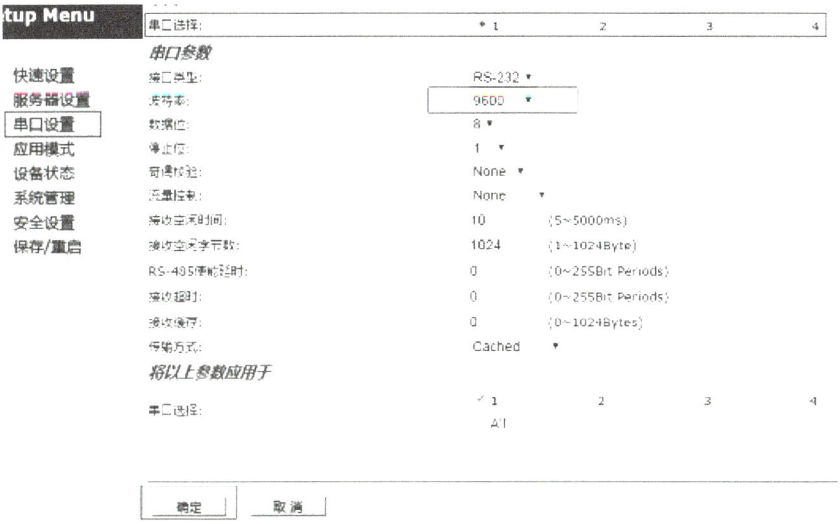

图4-17　修改串口服务器各串口波特率

6）在“应用模式”中需要将“应用模式”参数的“连接模式”设置为“Real COM”，“连接数”设置为“8”，并在“串口选择”中选择“All”复选框。

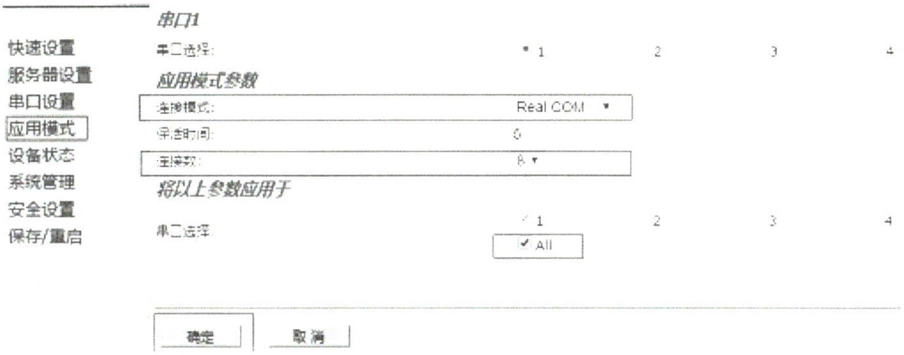

图4-18　修改串口服务器应用模式

7）设置完成后，单击“保存/重启”按钮，再单击“确定”按钮，当看到“提示：配置参数已保存，并且设备正在重新启动！”后，可关闭页面，如图4-19所示。

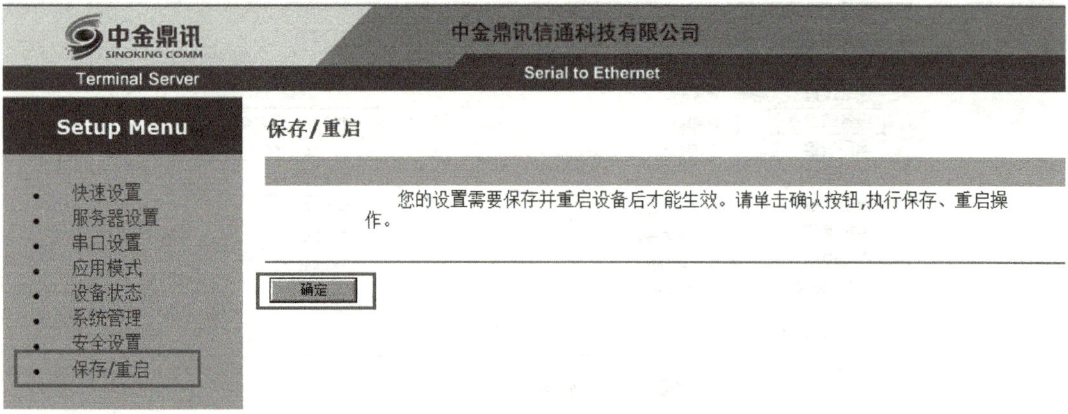

图4-19　保存/重启串口服务器

8）再打开“vser_config.exe”，单击“串口设置”按钮，填入IP地址“192.168.14.200”，并依次完成4个串口的设置，如图4-20所示。最后单击“保存”按钮，如图4-21所示。

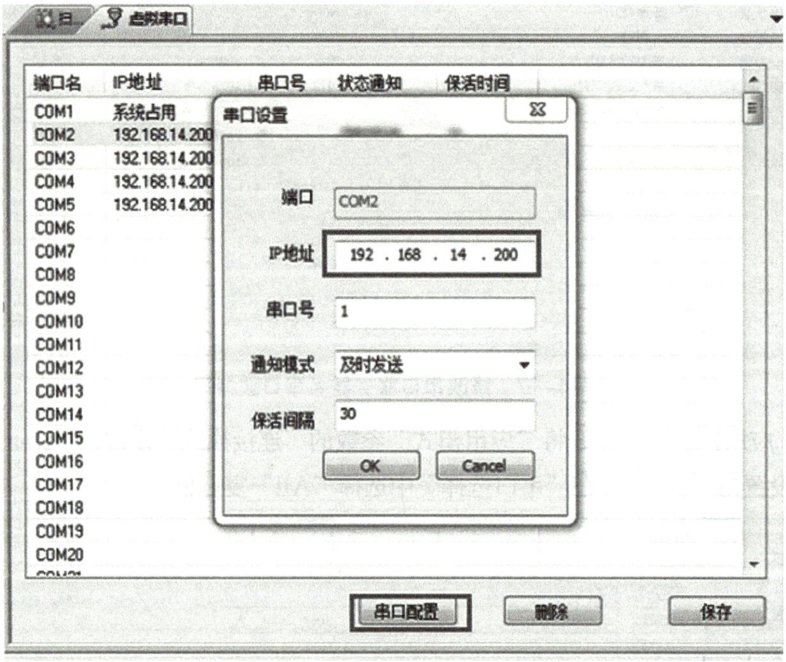

图4-20　串口服务器各串口相关配置

9）将本机IP地址恢复成“自动获得IP地址”。

10）如果选择“扫描”选项卡，则出现图4-22所示的信息，说明未使用管理员权限打开。这时需要用鼠标右键单击图标，在弹出的快捷菜单中选择“以管理员身份运行”命令来获取打开串口配置权限，如图4-23所示。

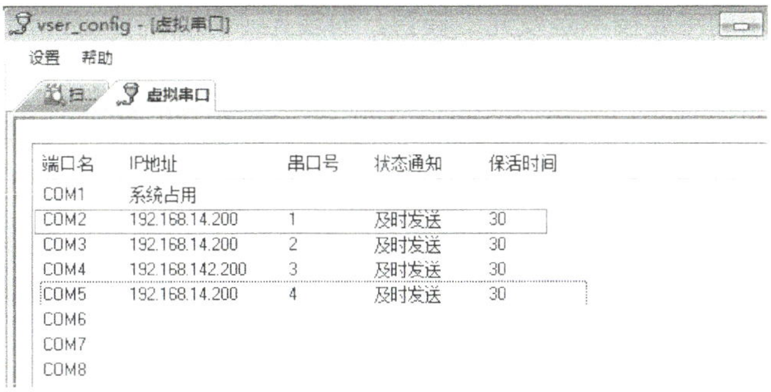

图4-21 保存串口服务器各串口相关配置

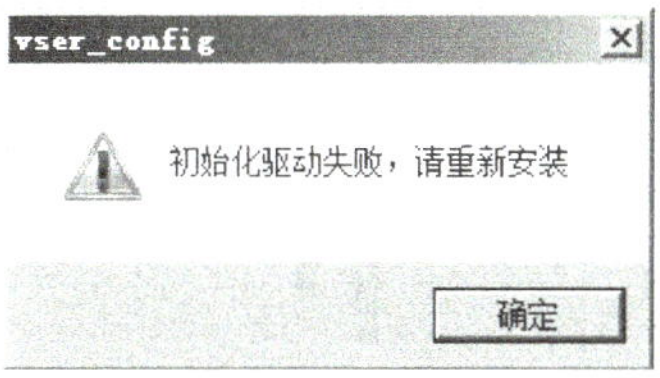

图4-22 以非管理员权限操作时发生故障界面

图4-23 以管理员权限打开串口服务器配置程序

4．LED显示屏

LED显示屏又叫电子显示屏或飘字屏幕，是由LED点阵和LED PC面板组成的，通过红色、蓝色、白色、绿色LED灯的亮灭来显示文字、图片、动画、视频等内容，可以根据不同场合的需要做出不同的调节，比如一般的广告牌中流动的字画，就是通过Flash软件制作后储存在显示屏的内存卡里，再通过技术方法显示出来，还可以根据不同的需要随时更换，各部分组件都是模块化结构的显示器件。LED显示屏实体如图4-24所示。

图4-24 LED显示屏

LED显示屏使用的主要技术是发光二极管。而发光二极管的核心部分是由P型半导体和N型半导体组成的晶片，在P型半导体和N型半导体之间有一个过渡层，称为P-N结。在某些半导体材料的P-N结中，注入的少数载流子与多数载流子复合时会把多余的能量以光的形式释放出来，从而把电能直接转变为光能。这种利用注入式电致发光原理制作的二极管叫发光二极管，通称LED。 当它处于正向工作状态时（即两端加上正向电压），电流从LED阳极流向阴极，半导体晶体就发出从紫外到红外不同颜色的光线，光的强弱与电流强弱有关 。

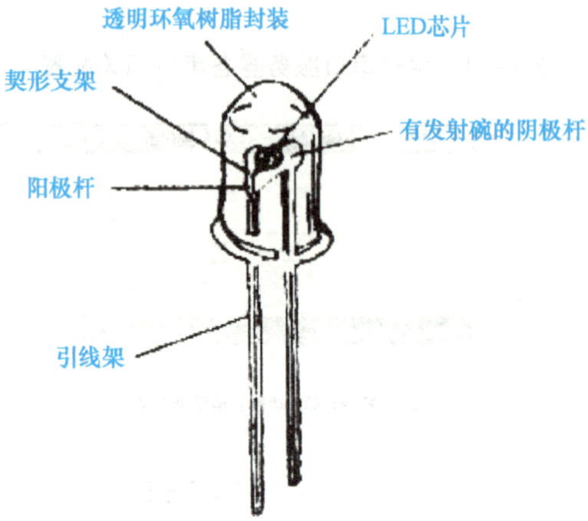

图4-25　发光二极管构造图

5．高频读卡器

高频的射频识别设备工作于13.56MHz频段，系统通过天线线圈电感耦合来传输能量，通过电感耦合的方式，磁场能量下降较快，磁场信号具有明显的读取区域边界，主要应用于1m以内的人员或物品的识别。

高频读写器的基本功能是提供与标签进行数据传输的途径以及用于向标签提供能量。另外，读写器还提供复杂的信号处理与控制、通信等功能。

读写器由模拟部分和数字部分电路组成。模拟部分即射频发射模块和射频接收模块，数字部分分为主控模块、电源管理模块、接口模块。高频读卡器实体如图4-26所示。

图4-26　高频读卡器

6．高频卡

高频卡属于非接触式IC卡。非接触式IC卡又称射频卡，成功地解决了无源（卡中无电源）和免接触这一难题，是电子器件领域的一大突破，主要用于公交、轮渡、地铁的自动收费系统，也应用在门禁管理、身份证明和电子钱包中。高频卡实体如图4-27所示。

图4-27　高频卡

任务3　车辆自动停泊计费系统实施

一、设备列表

车辆自动停泊计费系统硬件设备清单见表4-1。

表4-1　车辆自动停泊计费系统设备清单

序号	设备名称	单位	数目
1	红外对射传感器	套	1
2	ADAM 4150数字量采集器	个	1
3	RS-232转RS-485的无源转换器	个	1
4	高频读卡器	个	1
5	高频卡	张	1
6	路由器	个	1
7	串口服务器	个	1
8	LED显示屏	台	1
9	开发用计算机	台	1
10	网线	根	3

除以上设备外，还需要配备连接线若干与各设备电源适配器。

二、模拟工程项目连线图

车辆自动停泊系统硬件设备连接图如图4-28所示。

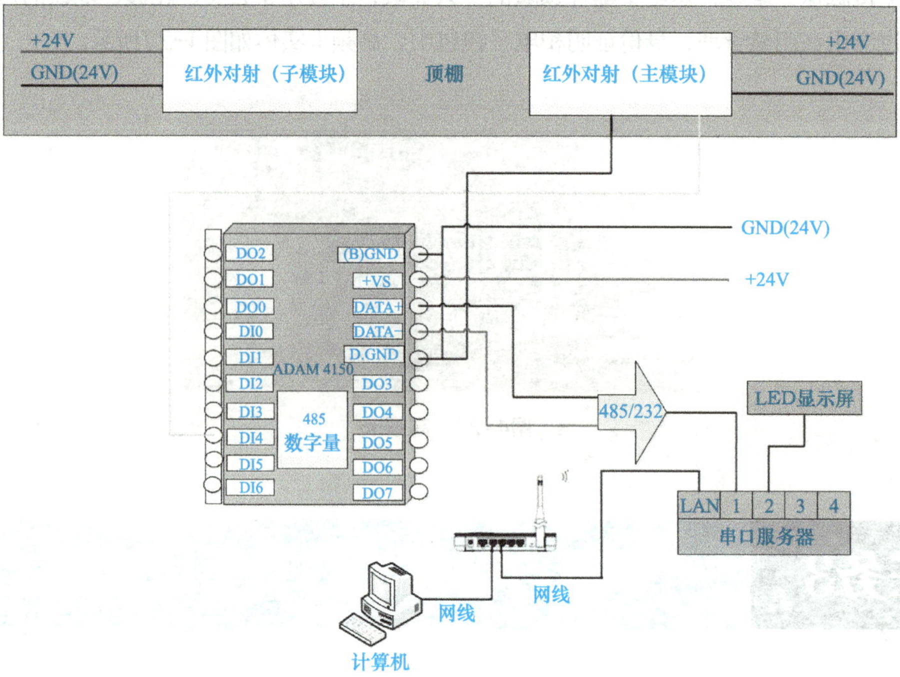

图4-28　车辆自动停泊系统硬件设备连接图

三、设备安装与布线

1．设备安装的注意事项

在露天停车场中，线路一般安装在地下，要在线路外部做好防水保护。同时，为了避免线路被车辆压断而产生设备故障，通常会专门挖出线槽并进行加固。传感器通常安装于车辆的中、下部，这是为了避免因为车辆型号不同而导致没有收到红外信号的情况。设备的安装效果可参考图4-29。

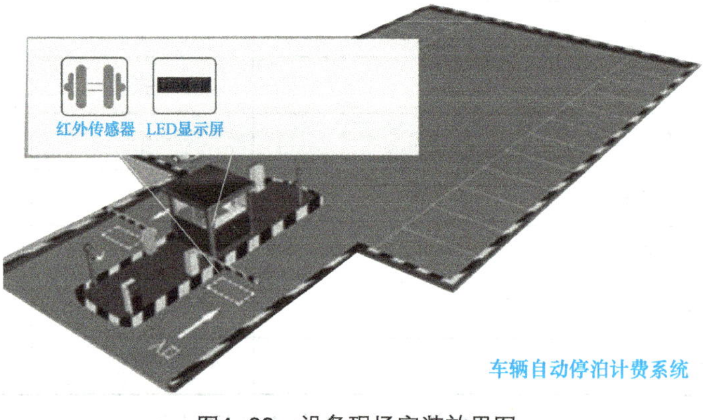

图4-29　设备现场安装效果图

2．模拟工程项目的安装与线路接驳步骤

1）安装红外对射传感器。

2）安装LED显示屏。

3）安装路由器。

4）安装串口服务器。

任务4 车辆自动停泊计费系统配套软件开发

一、背景知识与关键步骤

1．Storyboard

动画是WPF程序设计中最吸引人的特色之一，它可以播放并与程序逻辑进行很好的交互。演示图板（Storyboard）是WPF程序中实现动画播放与控制功能的一个重要组件。Storyboard拥有动画的暂停、恢复、查找、停止和删除功能。Storyboard的常用方法与属性见表4-2和表4-3。

表4-2 Storyboard常用属性

属性名称	用途说明
Completed	在动画终止时执行的事件
Children	获取或设置直接子集合
Duration	获取或设置此时间线播放的事件长度
Name	获取或设置名称

表4-3 Storyboard常用方法

方法名称	方法说明
Begin()	启动Storyboard
Stop()	暂停动画
Resume()	继续动画
SetSpeedRatio()	设置交互速率

2．高频读卡器帮助类（见表4-4）

表4-4 MifareRFEYE常用方法

方法名称	方法说明
ConnDevice()	连接高频读卡器
Search()	寻找置于高频读卡器上的高频卡

（续）

方法名称	方法说明
ChanagePwd(string pwd, [CardDataKind sectorKind = CardDataKind.Data1])	更换高频卡密码
AuthCardPwd(string pwd = null, CardDataKind sectorKind = CardDataKind.Data1)	验证高频卡密码
ReadString(CardDataKind sectorKind = CardDataKind.Data1, int serialNumber = 0, Encoding encoding = null);	获取高频卡内对应扇区对应块的数据
WriteString(CardDataKind sectorKind, string dataString, int serialNumber = 0, Encoding encoding = null)	将数据写入高频卡内的对应扇区的对应块
ConnDevice()	断开高频读卡器的联系

注意：MifareRFEYE为单例对象，使用时无需再次实例化。

二、车辆自动停泊计费系统的实现

1）打开VS2012软件，新建WPF应用程序：车辆自动停泊计费系统。该程序为车辆自动停泊系统的配套软件。

2）建立图片资源文件夹。在项目中新建文件夹Images，该文件夹用于存放开发过程中需要使用的图片资源。

3）将配套的图片添加到Images文件夹中。

4）引用外部类库。将外部类库NewlandLibrary. dll、MWRDemoDll. dll、LEDLibrary. dll、ComLibrary. dll、Comm. Bus. dll、Comm. Sys. dll、Comm. Utils. dll、Newland. DeviceProviderImpl. dll、Newland. DeviceProviderIntf. dll添加到项目中并将mwrf32. dll放入项目Bin目录下的Debug文件夹中。

5）搭建程序界面，完成效果如图4-1所示。

6）在功能代码中添加属性，见表4-5。

表4-5　属性说明

属性名称	作用说明
Adam4150 adam	ADAM 4150数字量采集器操作对象
LEDPlayer led	LED显示屏操作对象
DispatcherTimer timer	定时器
int Time	存放停靠时间
String result_name	存放用户名
Storyboard sbA, sbOut, sbIn	停靠车位和退出、进入停车场的动画对象

7）按照前面单元的方法实现最小化与关闭按钮功能。

8）编辑窗体加载事件。在窗体代码中添加Loaded事件。在该事件中绑定各动画对象的资源，实例化采集器操作对象并打开相应串口，实现使用定时器对采集器进行轮询的效果。

```
private void Window_Loaded_1(object sender, RoutedEventArgs e)
{
        sbA = (Storyboard)FindResource("sb_A");//注释1
        sbOut = (Storyboard)FindResource("sb_Out");
        sbIn = (Storyboard)FindResource("sb_In");
        adam.Open("Com2");//打开采集器串口
        timer.Interval = TimeSpan.FromSeconds(5);//设置定时器轮询间隔
        timer.Tick += timer_Tick; //添加定时器执行事件
}
```

在上述代码的“注释1”中，通过FindResource方法找到资源文件名为sb_A的文件并将其转换成Storyboard类型。其中FildResource方法是FrameworkElement下的一个方法，它集成于UIElement，即窗体中的一些控件与动画元素的集合类。

9）编辑定时器执行事件。在定时器事件中实现通过红外对射传感器数据判断车辆停靠情况，并在车辆停靠时显示车辆停靠动画与车辆停靠时间的累加功能，代码如下：

```
void timer_Tick(object sender, EventArgs e)
{
      bool? result = adam.getAdam4150_DIValue(4);//获取红外对射数据
      if (result == true)//如果红外线被遮挡
      {
         if (Time == 0)//如果是第一次停靠
         {
            sbA.Begin(brd);//显示停靠动画
         }
         Time++;//停靠时间累加
      }
}
```

10）编辑“刷卡入场”按钮单击事件。为按钮添加MouseUp事件，实现当单击“刷卡入场”按钮后读取卡内信息并将用户名输出到LED显示屏，显示车辆入场动画效果，开启停车计时与刷卡出场的功能。

```
private void Btn_in_MouseUp_1(object sender, MouseButtonEventArgs e)
{
      try
      {
         MifareRFEYE.Instance.ConnDevice();//连接高频读卡器
         ResultMessage result = MifareRFEYE.Instance.Search();//寻卡
         if (result.Result == Result.Failure)//如果未寻到卡片，则弹出提示
         {
           MessageBox.Show("未找到停车卡");
```

```
            return;
        }
        MifareRFEYE.Instance.ChanagePwd("", CardDataKind.Data1);//更改卡密码
        MifareRFEYE.Instance.AuthCardPwd("", CardDataKind.Data1);//注释1
        String result_ID = MifareRFEYE.Instance.ReadString(CardDataKind.Data1, 0);//获取用户ID
        result_name = MifareRFEYE.Instance.ReadString(CardDataKind.Data1, 1);//获取用户名称
        if (result_ID == "" || result_name == "")//判断用户ID，用户名是否为空
        {
            MessageBox.Show("不是停车卡，不能进入停车场");
            return;
        }
        led.DisplayText("欢迎您，" + result_name);//LED显示欢迎信息
        sbIn.Begin(brd);//显示进入动画
        led.Close();//关闭LED显示屏
        timer.Start();//开启定时器
        Btn_in.IsEnabled = false;//禁用刷卡入场功能
        Btn_out.IsEnabled = true;//开启数卡出场功能
    }
    catch
    {
    }
}
```

在上述代码的“注释1”中，实现了验证高频卡内指定扇区密码的功能，然而，由于该方法中参数有初值，在某些情况下，可以用如下代码实现其功能。

```
MifareRFEYE.Instance.AuthCardPwd();
```

可以看到，在AuthCardPwd方法中其参数的表示为AuthCardPwd(string pwd =null, CardDataKind sectorKind=CardDataKind.Data1)，其中pwd参数拥有初值null，sectorKind参数拥有初值CardDataKind.Data1，即在使用该方法且没有给对应参数赋值的情况下，其自动获得参数设置的初值。

11）编辑刷卡出场按钮单击事件。为按钮添加MouseUp事件，实现当单击“刷卡出场”按钮后停止计时，显示车辆出场动画效果，根据停车时间计算费用输出到LED显示屏并扣除费用开启刷卡入场的功能。

```
private void Btn_out_MouseUp_1(object sender, MouseButtonEventArgs e)
{
    if (Time == 0)//如果停靠计时为0，则将其置为1
    {
        Time = 1;
    }
    try
    {
        MifareRFEYE.Instance.ConnDevice();//连接读卡器
```

```
            ResultMessage result = MifareRFEYE.Instance.Search();//读卡
            if (result.Result == Result.Failure)//判断是否寻到卡片
            {
                    MessageBox.Show("未找到停车卡");
                    return;
                }
                    MifareRFEYE.Instance.ChanagePwd("", CardDataKind.Data1);//更改卡密码
                    MifareRFEYE.Instance.AuthCardPwd("", CardDataKind.Data1);//验证卡密码
                    String result_name1 = MifareRFEYE.Instance.ReadString(CardDataKind.Data1, 1);
//获取用户名称
                    if (result_name != result_name1)//如果前后用户名不一致弹出提示
                    {
                        MessageBox.Show("不是停车的停车卡");
                    }
                    Double result_dem;//存放支付金额
                    double.TryParse(MifareRFEYE.Instance.ReadString(CardDataKind.Data1, 2).Trim(), out result_
dem);//获取卡内余额
                if (result_dem <= 0)//如果卡内余额为零或负数弹出提示
                {
                    MessageBox.Show("卡内余额不足，请去充值");
                    return;
                }
                double result_dem2 = result_dem - (Time * 5);//扣除停车费用
                if (result_dem2 < 0)//如果卡内余额不足弹出提示
                {
                    MessageBox.Show("卡内余额不足，请去充值");
                    return;
                }
                led.DisplayText("共消费：" + Time * 5 + "元，欢迎下次光临");//LED显示
                led.Close();//关闭LED显示屏
                if (timer != null)
                {
                    timer.Stop();//停止定时器
                }
                Time = 0;//将停靠时间置0
                sbOut.Begin(brd);//显示退出动画
                Btn_out.IsEnabled = false;//禁用刷卡出场按钮
                Btn_in.IsEnabled = true;//启用刷卡出场按钮
            }
            catch
            {
            }
        }
```

三、检验与测试

1）测试程序可以正常启动。

2）测试高频读卡器的工作，对空白卡、正确卡的识别是否可正常进行并自动提示。

3）测试根据停车时间进行收费的功能是否能正确实现。

单元小结

本单元利用高频卡和读卡器对RFID在物联网中的应用进行场景模拟，重点在于描述高频卡的使用和RFID的使用场景。通过本单元的学习，能够初步了解动画的使用方法并掌握对高频卡内部的操作与LED显示屏数据的显示功能。

拓展训练

试利用本单元的设备和相关知识完成“电梯门禁系统”的项目实施。该项目场景为旅馆的商务电梯，通过相关系统软件的开发，实现对电梯的门禁控制。项目需求如下。

1）正确安装和部署相关设备。

2）自行定义系统界面，以美观、操作方便、符合用户操作习惯为宜。

3）实现只允许旅馆工作人员和住户才能使用电梯的功能。

UNIT 5

单元5 家居安防系统

扫描二维码
观看视频

学习目标

- 掌握火焰、烟雾传感器的工作原理。
- 掌握改造系统的设计原理。
- 掌握系统设备的安装和调试方法。
- 掌握软件开发技术。

单元概述

随着时代的发展，家居生活逐渐步入了智能化、便捷化的管理模式。从古至今，家居生活的安全管理都是人们重视的一大要点。但是，危险总是悄无声息地出现。因此，在家居生活中添加各种传感器以对家居安防进行监控就显得尤为重要了。

任务1 家居安防系统概览

一、系统功能概述

通过家居安防系统的实现，了解火焰、烟雾传感器的工作原理，并通过建立工程实现对家居安全的智能化管理功能。

本系统需要实现的功能主要包括以下几个部分。

1）搭建家居安防系统硬件环境。

2）理解火焰、烟雾传感器的工作原理。

3）编写程序实现实时读取各传感器数据，达到对家居生活进行监测的功能。

二、系统功能预览

完成家居安防系统后，读者将通过对火焰、烟雾传感器的实时监测，实现当家中出现危险事件时及时给业主发送报警信息的功能。工程运行效果如图5-1所示。

图5-1　家居安防系统

任务2 家居安防系统分析

一、家居安防系统描述

本系统采用火焰传感器、烟雾传感器、摄像头、报警灯、ADAM 4150数字量采集模块作为核心设备。本系统将实现的主要功能如下。

1）当火焰传感器采集到有火时，打开报警灯并弹出火警提示。

2）当烟雾传感器采集到有烟时，打开报警灯并弹出烟情提示。

3）当业主离开时，可打开摄像头查看家内情况。

本工程系统用例图如图5-2所示。

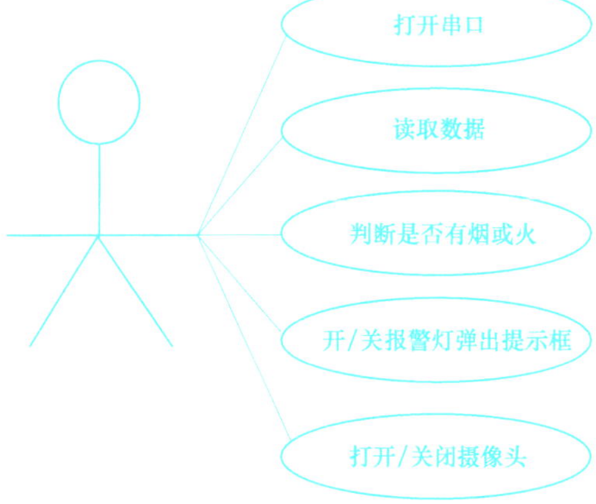

图5-2　家居安防系统用例图

二、家居安防系统背景描述

1．传感器技术

传感器（Transducer/Sensor）是一种检测装置，能感知被测量物体的状态，并能将感受到的信息，按一定规律变换成为电信号或其他所需形式的信息输出，以满足信息的传输、处理、存储、显示、记录和控制等要求。它是实现自动检测和自动控制的首要环节，是物联网应用中的信息来源。

伴随着人们活动范围的扩大，人们需要更多地从外界获取各种信息，仅依靠人类自身的感觉器官已远远不能满足人们的需要。传感器因此而诞生。

新技术革命的到来，使世界开始进入信息时代，传感器技术也得到更多的提升。在自动化生产和各种科学研究中，传感器已占据重要地位。

（1）传感器的定义

国家标准GB/T 7665—2005对传感器的定义是“能感受规定的被测量件并按照一定的规律（数学函数法则）转换成可用信号的器件或装置，通常由敏感元件和转换元件组成”。

“传感器”在新韦式大词典中定义为“从一个系统接受功率，通常以另一种形式将功率送到第二个系统中的器件”。根据这个定义，传感器的作用是将一种能量转换成另一种能量形式，所以不少学者也用“换能器”（Transducer）来称谓“传感器”。

（2）传感器的分类

根据传感器的用途，大致上可分为压力敏和力敏传感器、位置传感器、液位传感器、能耗传感器、速度传感器、加速度传感器、射线辐射传感器和热敏传感器。

（3）传感器的组成结构

传感器一般由敏感元件、转换元件、变换电路和辅助电源4部分组成。其中敏感元件直接感受被测量目标，并输出与被测量目标有确定关系的物理量信号；转换元件将敏感元件输出的物理量信号转换为电信号；变换电路负责对转换元件输出的电信号进行放大调制；转换元件和变换电路一般还需要辅助电源供电。

2．摄像头

摄像头是一种视频输入设备，被广泛运用于视频会议、远程医疗及实时监控等方面。普通人也可以彼此通过摄像头在网络上进行有影像、有声音的交谈和沟通。另外，人们还可以将其用于当前各种流行的数字影像、影音处理。摄像头可分为数字摄像头和模拟摄像头两大类。数字摄像头可以将视频采集设备产生的模拟视频信号转换成数字信号，进而将其储存在计算机中。模拟摄像头捕捉到的视频信号必须经过特定的视频捕捉卡转换成数字模式，并加以压缩后才可以转换到计算机上运用。数字摄像头可以直接捕捉影像，然后通过串、并口或者USB接口传到计算机中。

3．火焰传感器

火焰传感器是专门用来搜寻火源的传感器，当然它也可以用来检测光线的亮度，只是其对火焰特别灵敏。火焰传感器利用红外线对火焰非常敏感的特点，使用特制的红外线接收管来检测火焰，然后把火焰的亮度转化为高低变化的电平信号，输入到中央处理器中，中央处理器根据信号的变化做出相应的处理。火焰传感器实体、构造及NO/NC拨钮分别如图5-3～图5-5所示。

图5-3　火焰传感器

图5-4　火焰传感器构造图

图5-5　火焰传感器NO/NC拨钮

4．烟雾传感器

烟雾传感器（烟雾探测器）也被称为感烟式火灾探测器、烟感探测器、感烟探测器、烟感探头和烟感传感器，主要应用于消防系统，在安防系统建设中也有应用。它是一种典型的由太空消防措施转为民用的设备。烟雾传感器实体如图5-6所示，烟雾传感器构造如图5-7所示，烟雾传感器NO/NC拨钮如图5-8所示。

图5-6　烟雾传感器

图5-7　烟雾传感器构造图

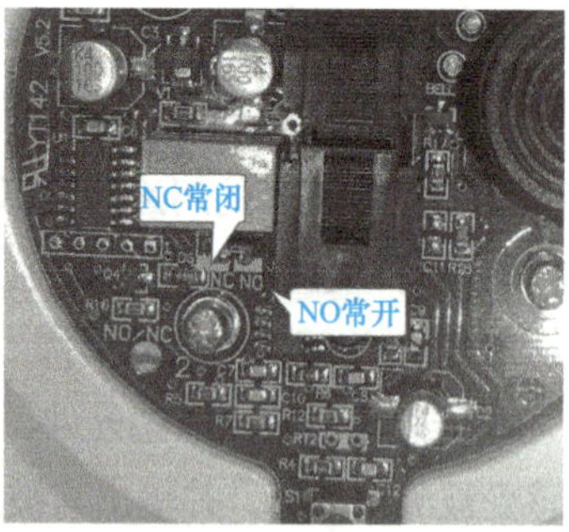

图5-8　烟雾传感器NO/NC拨钮

5．NO与NC的区别

在常态（不通电）的情况下处于断开状态的触点叫常开触点，处于闭合状态的触点叫常闭触点。在触点闭合（断开）过程中，不产生运动的触点叫静触点。

常开型NO，常闭型NC指什么？

NO（Normally Open，常开）指检测体没有被检测时，负载电流不接通的输出形式。

NC（Normally Close，常闭）指检测体没有被检测时，负载电流接通的输出形式。

6．报警灯

本工程使用的报警灯（警示灯）采用ABS材料，工艺性好，抗冲击力强。报警灯采用聚碳酸脂材料，表面经镀膜强化处理，硬度>4H，透明度>9级，有24只LED高亮形灯管，频闪灯采用优质进口LED灯管和特制驱动电路，能耗小，光效强，使用寿命在5万h以上。报警灯实体如图5-9所示。

图5-9　报警灯

任务3　家居安防系统实施

一、设备列表

家居安防系统硬件设备清单见表5-1。

表5-1　家居安防计系统设备清单

序号	设备名称	单位	数目
1	火焰传感器	个	1
2	烟雾传感器	个	1
3	报警灯	个	1
4	继电器	个	1
5	ADAM 4150数字量采集器	个	1
6	RS-232转RS-485的无源转换器	个	1
7	网络摄像头（设备编码BVCAM00013010）	个	1
8	路由器	个	1
9	开发用计算机	台	1
10	网线	根	2

除以上设备外，还需要配备连接线若干与各设备电源适配器。

二、模拟工程项目连线图

家居安防系统硬件设备连接图如图5-10所示。

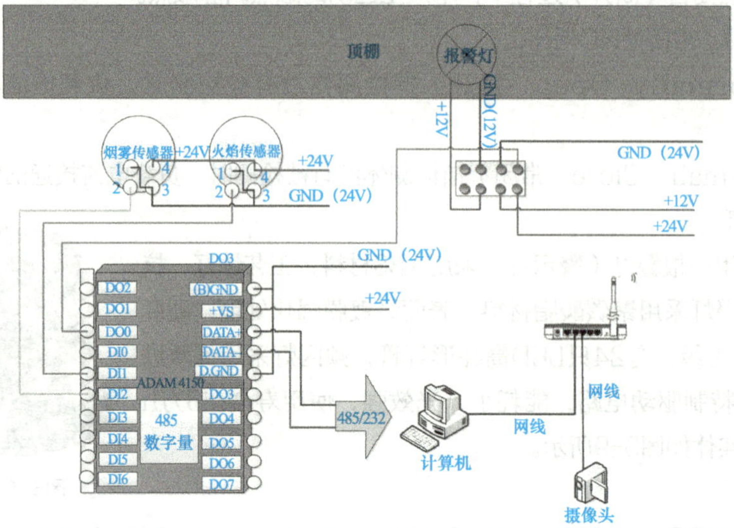

图5-10　家居安防系统硬件设备连接图

三、设备安装与布线

1．设备安装的注意事项

该家居安防系统设备的安装要考虑人类日常活动的复杂性和随意性。通常来说，在厨房的位置安装烟雾和火焰传感器就够了。但是，考虑到有不少人是在客厅和书房中，甚至在卧室中都有吸烟的习惯，因此在这些区域也要适当加装烟雾传感器。有的家庭还有在客厅中进行各种祭祀活动的习惯，因此在客厅中也要适当加装传感器。

当前国内住宅多是单元房，通常都有防盗网。但是对于居民楼而言，人员进出的安防很难严格控制，而国内住宅的建筑结构通常是大门进去就是客厅，因此摄像头建议安装在客厅中，既可以有效地对人员进出情况进行记录，也不会妨碍住户的个人隐私。

该安防工程的安装效果可参考图5-11。

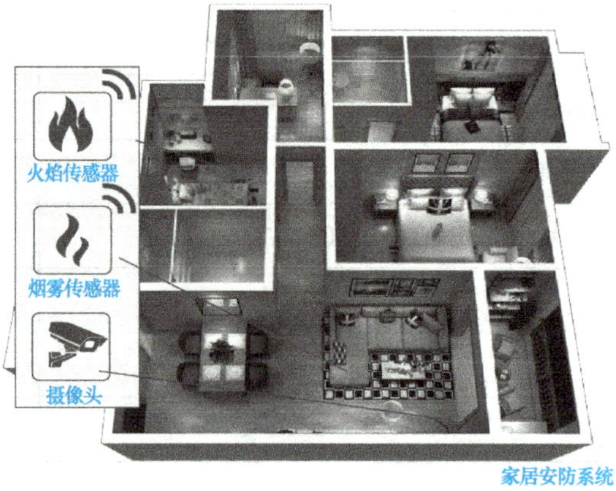

图5-11　设备现场安装效果图

2. 模拟工程项目的安装与线路接驳步骤

（1）路由器和摄像头的安装与设置

把摄像头固定后，使用网线将路由器和摄像头连接起来并将摄像头接入电源。在计算机中安装摄像头驱动程序。在驱动程序中设置摄像头的IP地址与网关，如图5-12所示。设置完成后，摄像头会自动重启自检。

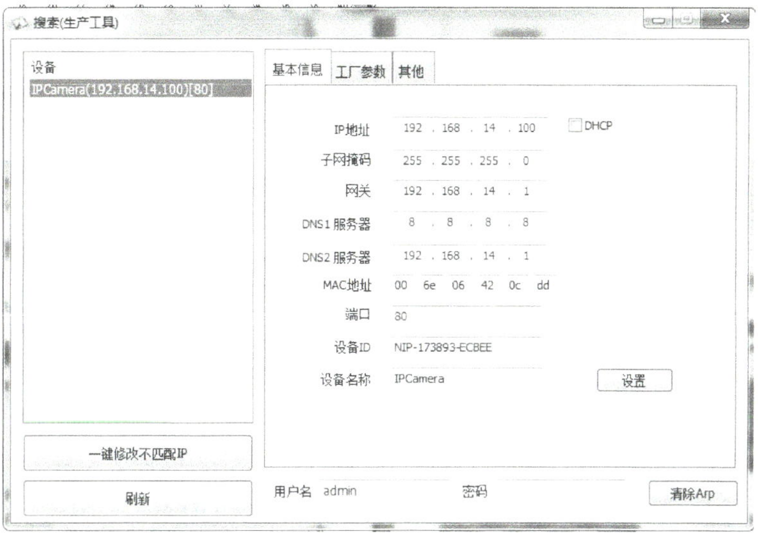

图5-12　摄像头IP设置

注意：图5-12中摄像头的IP地址与网关是相对的，应对照实际情况进行更改。

在任意浏览器中输入设置的摄像头IP地址，进入摄像头设置页面。在设置中找到“无线局域网设置”，搜索到自己的路由器并设置参数。设置完成后，可以选择将摄像头网线拔除。摄像头网页如图5-13所示。

图5-13　摄像头网页

（2）ADAM 4150数字量采集器与RS-232转RS-485无源转换器的安装

按照之前介绍的内容，完成这两种设备的安装。

（3）报警灯的安装

产品名称	安装布线图
报警灯	

安装布线说明
安装：根据前面方法接到继电器底座，红线接4口、黑线接3口，继电器的7口接开关量的DO0，继电器6口接电源正极、5口接电源负极

测试指令
打开：01 05 00 10 FF 00 8D FF 关闭：01 05 00 10 00 00 CC 0F

（4）火焰传感器的安装

产品名称	安装布线图
火焰探测器	
	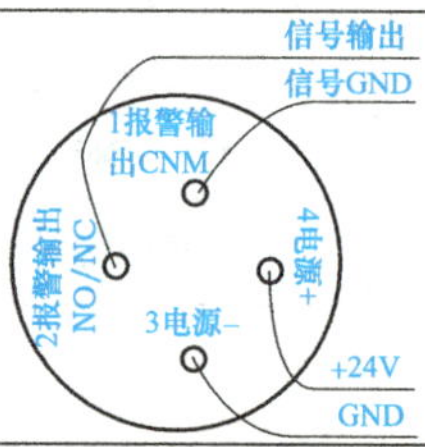

安装布线说明
安装：将底座旋下与探测器分离，接好线后再将底座旋上。接线：按照探测器接线端子说明，信号输出接在数字量DI1上

安装是否正确测试
用打火机点火置于火焰传感器前下方（5～30cm），等待两颗闪烁的指示灯长亮，说明火焰传感器触发，有火焰

（5）烟雾传感器的安装

产品名称	安装布线图
烟雾探测器	
	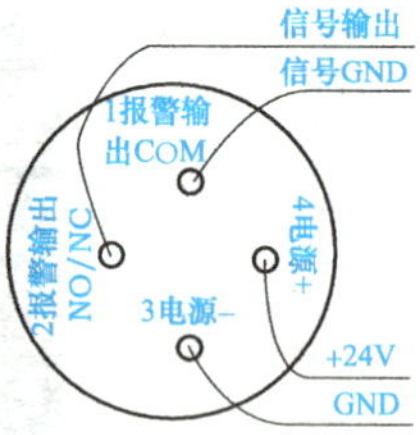

安装布线说明
安装：将底座旋下与探测器分离，接好线后再将底座旋上。接线：按照探测器接线端子说明，信号输出接在开关量DI2上

安装是否正确测试
触控烟雾传感器左边的触控按钮，烟雾传感器发出连续蜂鸣声，出现指示灯长亮。指示灯长亮加蜂鸣器长鸣，说明烟雾传感器触发，有烟雾。或者在探测器附近用实际烟雾进行检测

任务4　家居安防系统配套软件开发

一、背景知识与关键步骤

1. 摄像头操作类

网络摄像头的操作由摄像头厂商所提供，主要用于开启或关闭摄像头以及对摄像头进行方向控制，具体方法见表5-2。

表5-2　摄像头操作类方法

方法名称	作用说明
IpCameraHelper (string ip, string user, string pwd,Action<ImageEventArgs>ImageReady	摄像头帮助类构造函数，通过输入摄像头IP地址、用户名、密码获取摄像头的图像
StartProcessing()	摄像头打开方法
StopProcessing()	摄像头关闭方法
PanUp()	使摄像头向上的方法
PanLeft()	使摄像头向左的方法
PanRight()	使摄像头向右的方法
PanDown()	使摄像头向下的方法

2. Lambda表达式

Lambda表达式（Lambda Expression）是一种匿名函数。Lambda表达式可以表示闭包（注意和数学传统意义上的不同）。Lambda表达式与匿名方法是可以划上等号的，只不过使用Lambda表达式的代码看上去更直观漂亮。

C#的Lambda表达式都使用Lambda运算符=>，该运算符读为“goes to”。语法如下：

形参列表=>函数体。

函数体多于一条语句的可用大括号括起来。

下列规则适用于Lambda表达式中的变量范围：

1）捕获的变量将不会被作为垃圾回收，直至引用变量的委托超出范围为止。

2）在外部方法中看不到Lambda表达式内引入的变量。

3）Lambda表达式无法从封闭方法中直接捕获ref或out参数。

4）Lambda表达式中的返回语句不会导致封闭方法返回。

5）Lambda表达式不能包含其目标位于所包含匿名函数主体外部或内部的goto语句、break语句或continue语句。

使用Lambda表达式与普通委托和匿名类实现相同操作时，输写代码看上去更直观漂亮。

二、家居安防系统实现

1）打开VS2012软件，新建WPF应用程序：家居安防系统。该程序为家居安防系统的配套软件。

2）建立图片资源文件夹。在项目中新建文件夹Images，该文件夹用于存放开发过程中需要使用的图片资源。

3）将配套的图片添加到Images文件夹中。

4）引用外部类库。将外部类库NewlandLibrary. dll、MyCamer. dll、IPCameraDll. dll添加到项目中并将Comm. Bus. dll、Comm. Sys. dll 、Comm. Utils. dll、Newland. DeviceProviderImpl. dll、Newland. DeviceProviderIntf. dll、ComLibrary. dll放入项目Bin目录下的Debug文件夹中。

5）搭建软件界面，完成效果如图5-1所示。

6）在功能代码中添加属性，见表5-3。

表5-3 属性说明

属性名称	作用说明
Adam4150 adam	ADAM 4150数字量采集器操作对象
IPCamera camera	摄像头操作对象
DispatcherTimer timer	定时器
bool? isFire	火焰传感器标志位
bool? isSmoke	烟雾传感器标志位
bool isOpen	摄像头标志位

7）按照前面单元的方法实现最小化与关闭按钮的功能。

8）编辑窗体加载事件。在窗体代码中添加Loaded事件。实例化采集器操作对象并打开相应串口，实现使用定时器对采集器进行轮询的效果。

```
private void Window_Loaded_1(object sender, RoutedEventArgs e)
{
    adam.Open("Com6");//打开采集器串口
    timer.Interval = TimeSpan.FromSeconds(2); //设置定时器轮询间隔
    timer.Tick += timer_Tick; //添加定时器执行事件
    timer.Start();//启动定时器
}
```

9）编辑定时器执行事件。在定时器事件中实现对火焰、烟雾传感器数据的读取，通过判断火焰、烟雾传感器数据对报警灯进行开/关控制、对控件文本进行设置，当出现烟情或火情时，弹出报警提示框的功能。代码如下：

```
void timer_Tick(object sender, EventArgs e)
{
    isFire = adam.getAdam4150_DIValue(1);//获取火焰传感器数据
    isSmoke = adam.getAdam4150_DIValue(2); //获取烟雾传感器数据
    if (isFire == true)//如果有火
```

```
        {
            fire_txt.Content = "有";//设置控件文本
            adam.ControlDO(0, true);//打开报警灯
            new AlarmWindow("火").ShowDialog();//弹出提示框
        }
        else
        {
            fire_txt.Content = "无";//设置控件文本
            adam.ControlDO(0, false);//关闭报警灯
        }
        if (isSmoke == true)
        {
            smoke_txt.Content = "超标";//设置控件文本
            adam.ControlDO(0, true); //打开报警灯
            new AlarmWindow("烟").ShowDialog();//注释1
        }
        else
        {
            smoke_txt.Content = "正常";//设置控件文本
            adam.ControlDO(0, false); //关闭报警灯
        }
    }
```

在上述代码的“注释1”处，生成了一个匿名对象，该对象为一个窗体，使用ShowDialog方法将其显示出来。注意：并非只有这里创建的类才拥有构造函数，窗体、用户控件等都拥有构造函数。

10）编辑“实景录像”按钮的单击事件。为按钮添加MouseUp事件，实现当用户单击“实景录像”按钮时打开摄像头后，获取摄像头图像并将摄像头图像赋予Image控件，当用户再次单击“实景录像”按钮时关闭摄像头后，停止获取摄像头图像的功能。代码如下：

```
    private void camera_btn_MouseUp(object sender, MouseButtonEventArgs e)
    {
        if (!isOpen)//如果摄像头未打开
        {
            if (camera == null)//如果摄像头操作对象未实例化
            {
                try
                {
                    camera = new IpCameraHelper("192.168.0.103", "admin", "", new
Action<ImageEventArgs>((_sender) => //实例化摄像头操作对象
                    {   //给img控件赋值
                        img.Source = _sender.FrameReadyEventArgs.BitmapImage;
                    }));
                }
                catch
```

```
                {
                    return;
                }
            }
            if (!camera.StartProcessing())//开启摄像头
            {
                return;
            }
            camera_btn.Source = new BitmapImage(new Uri("Images/switch_on.png", UriKind.
Relative));//设置实景录像按钮图片
            isOpen = true;//设置标志位
        }
        else
        {
            if (camera != null)//如果摄像头操作对象已实例化
            {
                if (!camera.StopProcessing())//关闭摄像头
                {
                    return;
                }
                camera_btn.Source = new BitmapImage(new Uri("Images/switch_off.png", UriKind.
Relative));//设置实景录像按钮图片
                isOpen = false; //设置标志位
            }
        }
    }
```

11）搭建报警提示框界面，完成效果如图5-14所示。

图5-14　报警提示框

12）编辑报警框构造函数。实现当报警框窗体被实例化时，根据传入参数设置报警提示框提示内容的功能。代码如下：

```
    public AlarmWindow(String str)
    {
        InitializeComponent();
        if (str == "火")//判断传入参数
        {   //设置控件文本
            txt.Text = "室内出现火情，请尽快报警，以免人身财产发生危险。";
```

```
        }
        if (str == "烟")//判断传入参数
        {   //设置控件文本
            txt.Text = "有气体泄漏，请立即开窗通风，请检查阀门系统。";
        }
        if (str == "摄像头")//判断传入参数
        {   //设置控件文本
            txt.Text = "摄像头无法进行操作，请检查摄像头相关配置。";
        }
    }
```

13）编辑确定取消和关闭按钮的单击事件。为各按钮添加MouseUp事件，实现当用户单击这些按钮时，关闭报警提示框的功能。代码如下：

```
    private void btn_Click(object sender, MouseButtonEventArgs e)
    {   //关闭报警框
        this.Close();
    }
```

三、检验与测试

1）检测家居安防系统硬件环境是否正常搭建。

2）检测是否能正确获取火焰、烟雾传感器数据。检测在触发警报时有相应提示并开启报警灯。

3）检测摄像头是否正常显示画面，并可以正确开启或关闭。

单元小结

本单元介绍了烟雾、火焰传感器和网络摄像头的用法，并通过智能家居安防系统这一场景来实现相关数据获取和指令发送的功能。在学习时重点掌握摄像头的配置、连接和通过代码对摄像头进行控制的方法。

拓展训练

试利用本单元的设备和相关知识完成“列车安防系统”的项目实施。该项目场景为列车车厢内部，通过相关系统软件的开发，实现对车厢内部的安防监控。项目需求如下。

1）正确安装和部署相关设备。

2）自行定义系统界面，以美观、操作方便、符合用户操作习惯为宜。

3）对车厢内部实行视频监控。

4）对列车内部，包括列车连接处和卫生间实现烟情、火情的监控，当出现烟情或火情时自动报警。

UNIT 6

单元6 食用菌生产大棚项目

扫描二维码
观看视频

学习目标

- 掌握超高频设备的使用方法。
- 掌握改造项目的设计原理。
- 掌握项目设备的安装和调试方法。
- 掌握软件开发技术。

单元概述

近年来，由于食品安全危险频繁发生，严重危害了人们的身体健康，引起了全世界的广泛关注，对食品进行有效的跟踪，已成为一个极为迫切的全球性课题。本工程使用温湿度传感器、烟雾传感器、火焰传感器等对食用菌生产大棚进行监控，使用RFID技术对食用菌进行跟踪溯源。

任务1 食用菌生产大棚项目概览

一、食用菌生产大棚项目目的

通过食用菌生产大棚整体解决方案的实现，了解温湿度传感器的工作原理，学会桌面超高频读卡器的使用方法，并通过建立工程实现对食用菌从培养到出售的整体监控。

本项目需要实现的功能主要包括以下几个部分。

1）搭建食用菌生产大棚整体解决方案的硬件环境，理解温湿度传感器的工作原理。

2）学会桌面超高频读卡器的使用方法。

3）编写程序实时读取各传感器数据，达到对食用菌的监测功能。

4）编写程序给出售的食用菌绑定RFID，实现食品的溯源功能。

二、食用菌生产大棚项目预览

本单元完成后，读者将通过对温湿度、火焰、烟雾等传感器的实时监测，实现对食用菌的智能化培养，通过绑定RFID卡，实现食用菌的智能化溯源。工程运行效果如图6-1～图6-4所示。

图6-1 食用菌生产大棚整体解决方案主界面

图6-2 产品管理界面

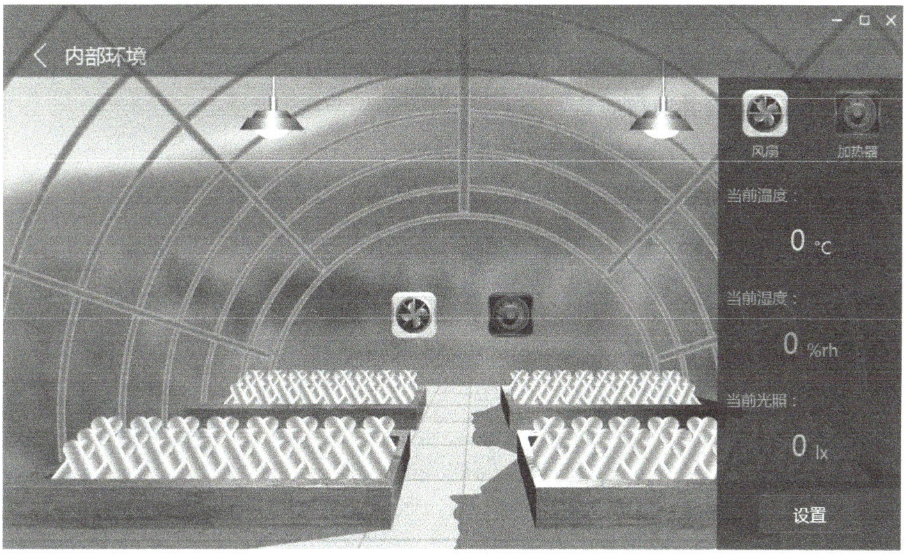

图6-3　内部环境界面

图6-4　安全监控界面

任务2　食用菌生产大棚项目分析

一、食用菌生产大棚项目描述

本项目采用火焰传感器、烟雾传感器、摄像头、桌面超高频读卡器、报警灯、ADAM 4150数字量采集模块等作为核心设备。本项目将实现的功能如下。

1）通过读取温湿度传感器的数据，智能化开启空调和暖气（以排气扇模拟）。

2）通过读取光照传感器的数据，智能化开启日光灯。

3）通过读取火焰、烟雾传感器的数据，判断食用菌生产大棚是否处于危险状态，如果处于危险状态则打开报警灯并执行应急措施。

4）为成品菌绑定RFID，实现食品的智能溯源。

本工程系统用例图如图6-5所示。

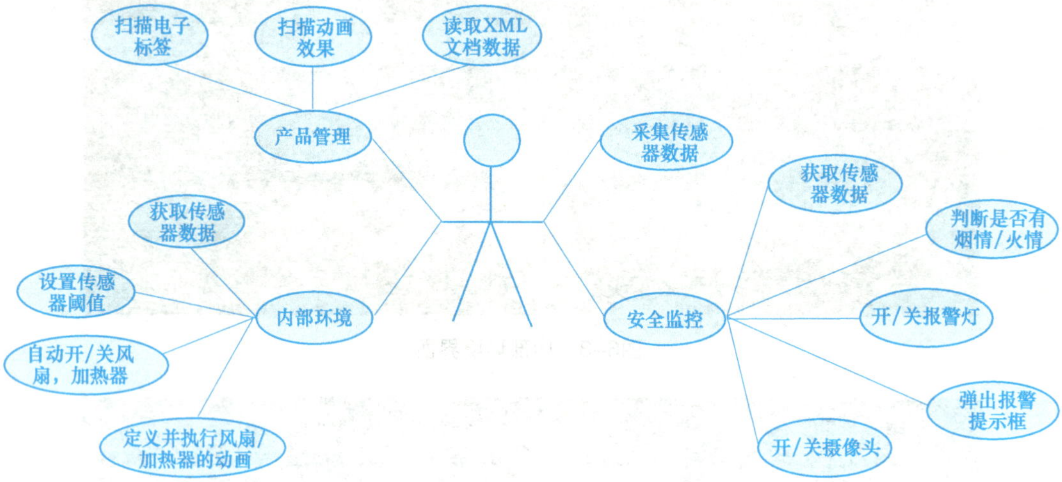

图6-5　食用菌生产大棚项目用例图

二、食用菌生产大棚项目背景描述

1．智能农业

智能农业（或称工厂化农业）是指在相对可控的环境条件下，采用工业化生产，实现集约高效可持续发展的现代超前农业生产方式，农业先进设施与陆地相配套，具有高度的技术规范和高效益的集约化规模经营的生产方式。它集科研、生产、加工、销售于一体，实现周年性、全天候、反季节的企业化规模生产；集现代生物技术、农业工程、农用新材料等学科，以现代化农业设施为依托，科技含量高，产品附加值高，土地产出率高、劳动生产率高，是我国农业新技术革命的跨世纪工程。

智能农业产品通过实时采集室内温度、湿度信号以及光照、叶面湿度、露点温度等环境参数，自动开启或关闭指定设备。它可以根据用户需求，随时进行处理，为农业设施提供综合生态信息自动监测，对环境进行自动控制和智能化管理提供科学依据；通过感知模块采集温度传感器等信号，经由无线信号收发模块传输数据，实现对大棚温湿度的远程控制。智能农业还包括智能粮库系统，该系统通过感知粮库内温湿度的变化并与计算机或手机连接进行实时观察，记录现场情况，以保证粮库的温湿度平衡。

智慧农业的十大趋势如下。

（1）趋势一：低成本

一套智慧农业设备至少几十万元或者上百万元。一个农民全年的收入或许也就这些。因此，低成本的智慧农业设备将会成为更多农民的喜爱——换而言之，低成本将是智慧农业的趋势之一。

（2）趋势二：简易操作

大多数从事传统农业的农民对互联网、计算机了解不够多，认为会花费很多精力。

众所周知，智慧农业的根本是服务农业、服务农民，而不是让农民觉得折腾人，所以易操作、易学的智能设备将会在农村走俏——这是智慧农业发展的必然趋势。

（3）趋势三：专家们会参与生产

专家们会参与生产，这是智慧农业为传统农业带来的一大改变。不管专家们是否在办公室，他们的知识和智慧还是值得参考的。

农民可以把不懂的问题和种植、养殖过程中遇到的问题都用直播的方式发给专家们看，让专家们来帮助分析。

（4）趋势四：协作加强

智慧农业将会让分工更加明确。农民做好自己的事情，把其他的事情交给专家们就行了，当然这样的协作、反馈将会更加频繁。

（5）趋势五：可视化占主流

如今，消费者都想要买放心的农产品，这种“放心”包括了解这些蔬菜是不是打了农药、打了多少农药，乃至通过视频的方式去了解农产品的“身世”。所以，未来农业或者说智慧农业将少不了可视化这一趋势。

（6）趋势六：垂直智慧农业成为发展方向

什么都讲究细分，智慧农业也一样。随着智慧农业技术的发展，未来会有更多智慧农业的垂直行业分出来。智慧农业将会更加精准地服务农业、农村、农民。

（7）趋势七：整合性的智慧农业

这个时代讲究整合、跨界，貌似不把对方整合了就难以生存似的，不跨界都不好意思发言——这听上去像是“无稽之谈”，但其实有它的道理。因为不可否认的是智慧农业的深度、宽度都会有其他行业的影子，比如，都市智慧农业、旅游农业，所以智慧农业的发展少不了“整合性”三个字。

（8）趋势八：营销类的智慧农业

能帮助卖产品的智能设备是最受欢迎的设备。智慧农业就是为了解放生产力、提高效率，让产品卖得更快、农民更快地致富。这才是智慧农业的发展之根本。

（9）趋势九：门外汉越来越多

智慧农业本来就是个高科技、高智能的行业。不学习相关知识，是很难高效利用智慧农业的。现在我国从事智慧农业的都是科技公司、IT精英。这些“精英新农民们”离开农村已经很多年了，但恰恰是这些人能设计出符合农民需要的智能设备。

（10）趋势十：智慧农业终究会被超越

超越是智慧农业的未来。传统农业、机械化农业、智慧农业，下一个是什么农业呢？随着土地等资源变得越来越紧俏，种植、养殖将不仅在地球上展开，人们将会向太空、其他星球上开展农业生产。或许，以后智慧农业将会被太空农业、生物农业等先进的技术代替。

农业从传统到现代，最终会发展到运用物联网、云计算、精准技术的智慧农业阶段，实现最佳的资源利用和最少的成本投入，达到农作物生产、运输和销售的智能化管理——这需要很长一段时间。现在要做的是利用智慧农业做好当前的事情，保护好环境、杜绝污染，让智慧农业点亮城市与生活，让子孙后代还能依靠地球生活。

2．温湿度传感器

温湿度传感器是可同时读取温度数据与湿度数据的传感器，其绿色线HUMI是湿度传感器信号线，蓝色线TEMP是温度传感器信号线。其内置有低功耗单片机，响应时间短，精度高，稳定性好。温湿度传感器实体如图6-6所示。

3．桌面超高频读卡器

RFID发卡器是为配合用户在后台或者管理中心进行发卡管理，而生产的UHF频段的超高频桌面读写器设备，可以进行读卡、写卡、授权、格式化等操作，具有多协议兼容、体积小、读取速率快、多标签识读等优点，可广泛应用于各种RFID系统中。

当桌面超高频读卡器上电后，蜂鸣器会响一声，表示开始工作。当卡接近RFID桌面发写器时，蜂鸣器响一声表示发送数据，同一IC卡两次读卡之间的间隔可以通过软件设置。在读卡后，若IC卡仍在射频卡应区内，读卡器将不做任何提示，也不发送数据，但超过间隔时间或不同ID卡分别进入射频卡应区范围，读卡器将连续读卡，并输出数据。桌面超高频读卡器实体如图6-7所示。

图6-6　温湿度传感器

图6-7　桌面超高频读卡器

4．RFID不同频率说明（见表6-1）

表6-1　RFID不同频率说明

参数	低频率	高频率	UHF	微波
频率	125～134kHz	13.56MHz	868～915MHz	2.4～5.8GHz
市场份额	74%	17%	6%	3%
读取距离	1.2m	1.2m左右	4m左右	15m左右
速度	不快	中	快	非常快
潮湿环境	无影响	无影响	严重影响	严重影响
指向性要求	无	无	部分要求	总是要求
全球接受的频率	是	是	部分（EU/USA）	欧洲除外
主要应用场景	门禁、商场等	智能卡、机场等	物流、特定的货品追踪等	公路收费等

任务3 食用菌生产大棚项目实施

一、设备列表

食用菌生产大棚整体解决方案硬件设备清单见表6-2。

表6-2 食用菌生产大棚整体解决方案设备清单

序号	设备名称	单位	数目
1	温湿度传感器	个	1
2	光照传感器	个	1
3	排气扇	台	1
4	ZigBee四通道采集器	个	1
5	超高频桌面发卡器	个	1
6	火焰传感器	个	1
7	烟雾传感器	个	1
8	报警灯	个	1
9	灯泡	个	1
10	继电器	个	3
11	ADAM4150数字量采集器	个	1
12	RS-232转RS-485的无源转换器	个	1
13	网络摄像头（设备编码BVCAM00013010）	个	1
14	串口服务器	个	1
15	路由器	个	1
16	开发用计算机	台	1
17	网线	根	3

除以上设备外，还需要配备连接线若干与各设备电源适配器。

二、模拟工程项目连线图

食用菌生产大棚项目硬件设备连接图如图6-8所示。

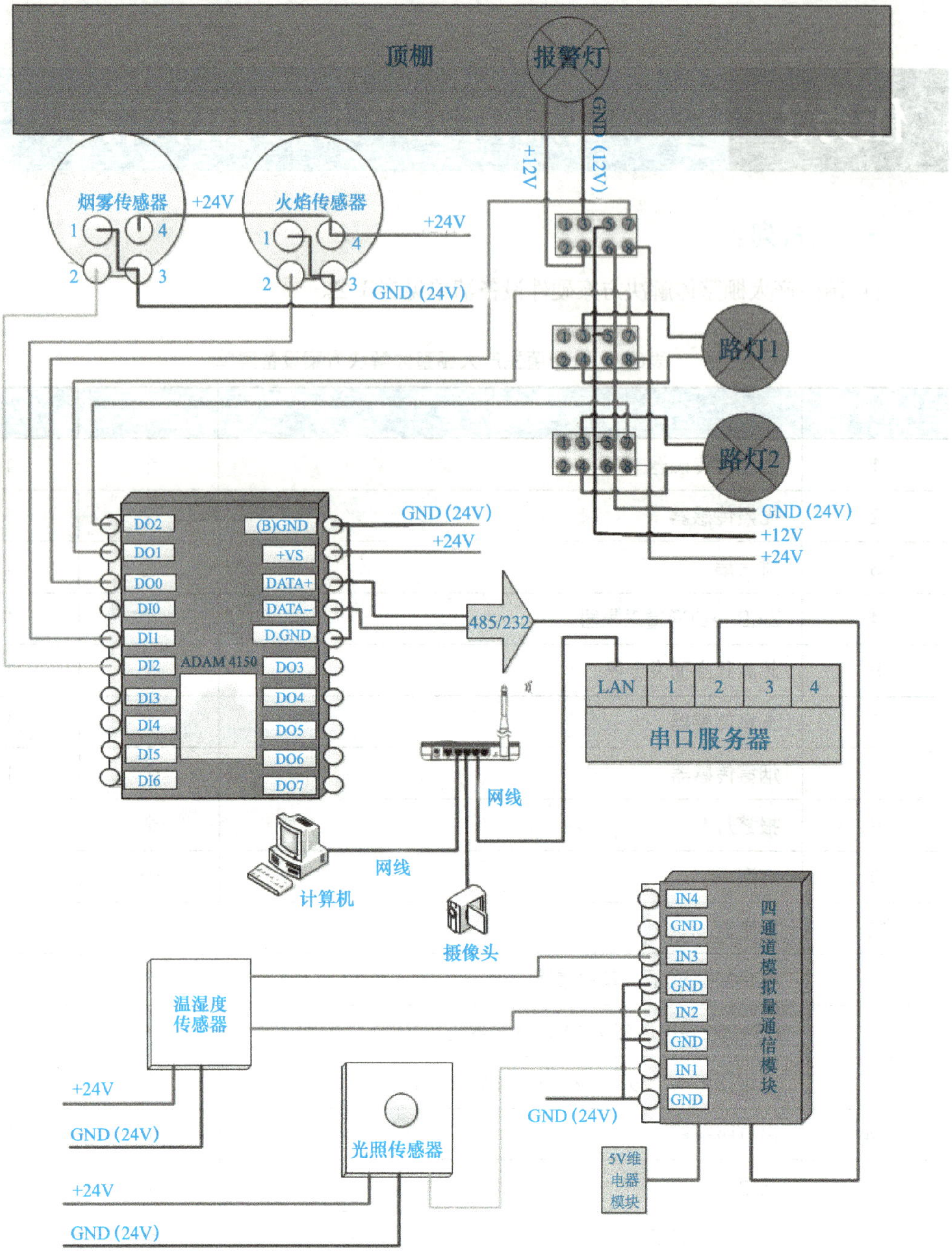

图6-8　食用菌生产大棚项目硬件设备连接图

三、设备安装与布线

1．设备安装的注意事项

食用菌大棚对物联网工程来说是一个常见工程。在该工程中，需要注意传感器采集数据的全面性。对温湿度、光照值的采集需要兼顾整个大棚内部环境。在烟雾和火焰传感器的选择上，需要选用灵敏度较高的传感器，这样才能在发生意外时减小损失。

照明设备的安装，既要能保证照明的需要，又不能让照明设备的温度影响到食用菌的生长。该安防工程的安装效果可参考图6-9。

图6-9　设备现场安装效果图

2．模拟工程项目的安装与线路接驳步骤

1）路由器、串口服务器的安装和配置。

2）摄像头的安装和配置。

3）报警灯、日光灯的安装和线路连接。

4）ADAM 4150数字量采集器、四通道模拟量通信模块的安装和线路连接。

5）烟雾、火焰传感器的安装和线路连接。

6）光照传感器的安装和线路连接。

7）温湿度传感器的安装。

产品名称	安装布线图
温湿度传感器	

安装布线说明
安装：安装时用螺钉将底座固定于工位上。接线：红线接+24V，黑线接GND，绿色线HUMI是湿度信号线，接在四输入模拟量IN3上，蓝色线TEMP是温度信号线，接在四输入模拟量INT2上
注意：如果用户现有的传感器只有3根线，则不需要接地，可以正常使用

8）排气扇的安装。

产品名称	安装布线图
排气扇	

安装布线说明	
安装：四角用螺钉固定在工位上。接线：红色导线接正极(+)；黑色导线接负极(–) 注意：如果用户使用外观为蓝色的排气扇，需接12V，否则会烧坏，请注意设备电源标识	

将排气扇安装完毕后，按照接线图将其接入继电器。

9）桌面超高频读卡器的安装。

将桌面超高频读卡器放置于桌面上，安装完桌面超高频读卡器驱动程序后，使用连接线将读卡器与计算机连接起来，听到“嘀嘀”的两声并看到桌面弹出读卡器串口后即安装成功。

注意：读卡器安装成功后，默认串口通常为COM3，可能与串口服务器发生冲突，如果遇此情况，请在设备管理器中更改其串口并将其禁用后再启用。

任务4 食用菌生产大棚项目配套软件开发

一、背景知识与关键步骤

1．资源词典

在项目开发中，XAML主要用于应用界面设计，无论是开发人员还是设计人员，经常会设计自定义用户界面或者控件行为，其中会涉及不同方面的代码设计，例如，控件模板、控件样式、动画设计等。为了方便设计，需管理和重复利用这些通用代码，XAML提出了资源（Resources）的概念。

（1）XAML资源（Resources）概念

资源（Resources）概念和传统Web应用中的Cascading Style Sheets（CSS，样式表）类似，其目的是为了实现对象的重复调用。在Windows 8 Metro应用开发中，资源的概念不仅局限于对控件样式的定义，而且还包括对控件模板的定义，对字体的控制等。在实际项目中，开发人员可以在资源中设置多种不同控件属性，在多个页面调用通用资源代码，这样不仅有助于代码重利用，而且有助于应用维护的一致性。

XAML中定义资源的语法格式如下：

```
<根元素对象.Resources>
    <资源定义 />
</根元素对象.Resources>
```

（2）XAML资源字典（Resource Dictionary）

XAML资源的概念在一定程度上简化了XAML页面代码，对于管理批量资源代码集合，XAML还提供<ResourceDictionary>资源字典标记进行声明。

1）XAML资源字典的定义。

在资源字典（Resource Dictionary）中，每一个资源项必须定义x:Key，也就是所谓的唯一标识的资源名称，这样可以方便读取访问。例如，以下代码在Grid. Resources中定义资源x:Key = "bgBrush"，可以在Button中调用资源x:Key，应用资源到控件。

资源字典的定义有两种方法：一种是在XAML中定义资源字典，例如下面这段代码；另一种就是在后台代码中定义资源字典。

```
<Grid x:Name="LayoutRoot">
    <Grid.Resources>
        <ResourceDictionary>
            <LinearGradientBrush x:Key="bgBrush" StartPoint="0.5,0" EndPoint="0.5,1">
                <GradientStop Color="Yellow" Offset="0.0" />
                <GradientStop Color="Blue" Offset="0.75" />
                <GradientStop Color="Green" Offset="1.0" />
            </LinearGradientBrush>
        </ResourceDictionary>
    </Grid.Resources>
    <Button x:Name="btnSubmit" Background="{StaticResource bgBrush}"
        Height="60" Width="120" Margin="112,23,168,217"/>
</Grid>
```

2）XAML资源字典的分类。

在WPF开发中，XAML资源可被分为静态资源（Static Resource）和动态资源（Dynamic Resource）两类，但是在Windows 8 Metro应用开发中，XAML仅支持静态资源（Static Resource）。

根据资源应用域的不同，XAML资源也可被分为FrameworkElement. Resources和Application. Resources。

① FrameworkElement. Resources：是将资源对象应用于同一个对象树的不同对象上，也可称为即时资源（Immediate Resources）或者称为页面资源（Page Resources）。通常来说，FrameworkElement. Resources会被定义在XAML页面根元素上。

② Application. Resources：可以被认为是贯串整个应用级别的资源，资源被定义在Application. Resources中，相比FrameworkElement. Resources而言，Application. Resources应用范围较广，其生命周期也比FrameworkElement. Resources要长。通常来说，Application. Resources会被定义在App. Xaml页面。

调用定义的字典资源，通过在MergedDictionaries属性中添加外部资源，实现外部资源在Application. Resources中的绑定。引用外部字典资源见表6-3。

表6-3　外部字典资源添加

语言	XAML

示例代码	`<Page.Resources>`
	`<ResourceDictionary>`
	`<ResourceDictionary.MergedDictionaries>`
	`<ResourceDictionary Source="myresourcedictionary1.xaml"/>`
	`<ResourceDictionary Source="myresourcedictionary2.xaml"/>`
	`</ResourceDictionary.MergedDictionaries>`
	`</ResourceDictionary>`
	`</Page.Resources>`

描述	合并多个外部资源字典成为本地字典。当需要合并更多字典时，只要在ResourceDictionary.MergedDictionaries节中顺序增加引用
特别提示	合并字典（MergedDictionaries集合中的字典）中对同一对象的同一子元素进行定义时，会产生覆盖效果，在这种情况下，所返回的资源将来自在 MergedDictionaries集合中最后一个找到的字典（在这里会显示myresourcedictionary2.xaml中的定义）
	合并字典（MergedDictionaries集合中的字典）中对同一对象的不同子元素进行定义时会产生叠加效果

2．自定义控件样式

样式的使用通常是为了使多个元素（控件）达到一个效果（外观或者拥有相同的功能）。在WPF中也有类似于CSS这样的样式设定。通过样式设定可以在程序中改变系统所提供的各种级别控件的外观，使开发更有效率。

自定义用户控件样式有两种方法。一种可以在页面的XAML文档中进行定义，如下面的代码就在页面上定义了一个Button控件的高度、宽度、背景色等。

```
<Window.Resources>
    <Style TargetType="Button">//定义按钮样式
        <Setter Property="Height" Value="50"></Setter>//定义高度
        <Setter Property="Width" Value="100"></Setter>//定义宽度
        <Setter Property="Margin" Value="0 10 0 0"></Setter>//定义相对位置
        <Setter Property="Background" Value="Beige"></Setter>//定义背景色
        <Setter Property="RenderTransform">//定义渲染
            <Setter.Value>
```

```
            <RotateTransform Angle="45"></RotateTransform>//定义选择角度
        </Setter.Value>
    </Setter>
</Style>
</ Window.Resources>
```

除了在页面XAML文档中定义外，还可以和CSS一样，在App. xaml文档中对控件的样式进行定义。例如，下面的这段代码就在App. xaml文档中对Label的部分外观进行了修改，运行时的效果如图6-10所示。

```
<Style TargetType="Label">//定义标签样式
    <Setter Property="FontFamily" Value="Microsoft YaHei" />//定义字体
    <Setter Property="Height" Value="28" />//定义高度
    <Setter Property="FontSize" Value="16" />//定义文字大小
    <Setter Property="Foreground" Value="Red" />//定义颜色
    <Setter Property="FontWeight" Value="Bold" />//文字大小
    <Setter Property="HorizontalAlignment" Value="Left" />//横向对齐方式
    <Setter Property="VerticalAlignment" Value="Center" />//纵向对齐方式
</Style>
```

图6–10　Label自定义样式效果

在WPF中，还可以定义不同事件下的控件样式。以Button控件为例，可以在样式中定义其在鼠标移到控件上方时Button的外观产生的变化，下面这段代码就实现了这一功能，其运行时的效果如图6-11所示。

```
<Style TargetType="Button">//定义按钮样式
    <Setter Property="FontFamily" Value="Microsoft YaHei" />//定义字体
    <Setter Property="FontSize" Value="26" />//字体大小
    <Setter Property="Foreground" Value="Black" />//前景色
    <Setter Property="Cursor" Value="Hand" />//鼠标样式
    <Setter Property="FlowDirection" Value="LeftToRight" />//文字排列
    <Setter Property="BorderThickness" Value="0" />//定义边框
    <!--修改模板属性-->
    <Setter Property="Template">
    <Setter.Value>
    <!--控件模板-->
    <ControlTemplate TargetType="Button">
    <!--背景色-->
    <Border x:Name="back" Opacity="0.8" CornerRadius="3"
```

```
Background="{TemplateBinding Background}"
BorderBrush="{TemplateBinding BorderBrush}"
BorderThickness="{TemplateBinding BorderThickness}">
            <Border x:Name="fore" BorderThickness="0">
            <!--按钮内容-->
            <ContentPresenter x:Name="content"
HorizontalAlignment="Center"
VerticalAlignment="Center"
Content="{TemplateBinding Content}">
            </ContentPresenter>
            </Border>
      </Border>
      <!--触发器-->
      <ControlTemplate.Triggers>
          <!--鼠标移入移出-->
          <Trigger Property="IsMouseOver" Value="True">
              <!--鼠标移入移出的动画效果详细查看源码-->
          </Trigger>
      </ControlTemplate.Triggers>
      </ControlTemplate>
      </Setter.Value>
      </Setter>
</Style>
```

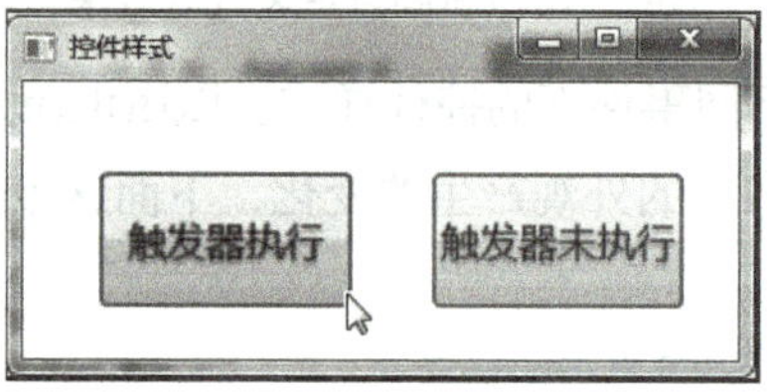

图6-11 Button自定义样式触发效果

3．回调函数

程序一般来说可以分为两种类型：系统编程（System Programming）和应用编程（Application Programming）。所谓系统编程，简单来说就是编写各种类库；应用编程就是利用写好的各种类库来编写具某种功用的程序，也就是人们常说的应用程序。类库所保留的在应用程序开发和运行时调用的接口，就是通常所说的API（Application Programming Interface），API又被称为应用编程接口。

当程序运行时，一般情况下，应用程序（Application Program）会时常通过API调用库里预先备好的函数。但是有些库函数（Library Function）却要求应用先传给它一个函数，以便在合适的时候调用，以完成目标任务。这个被传入的、后又被调用的函数就称为回调函数（Callback Function）。

比如，有一家旅馆提供叫醒服务，但是要求旅客自己决定叫醒的方法，可以是打客房电话，也可以是派服务员去敲门，睡得死怕耽误事的，还可以要求往自己头上浇盆水。这里，“叫醒”这个行为是旅馆提供的，相当于库函数，但是叫醒的方式是由旅客决定并告诉旅馆的，也就是回调函数。而旅客告诉旅馆怎么叫醒自己的动作，也就是把回调函数传入库函数的动作，称为登记回调函数。其工作原理如图6-12所示。

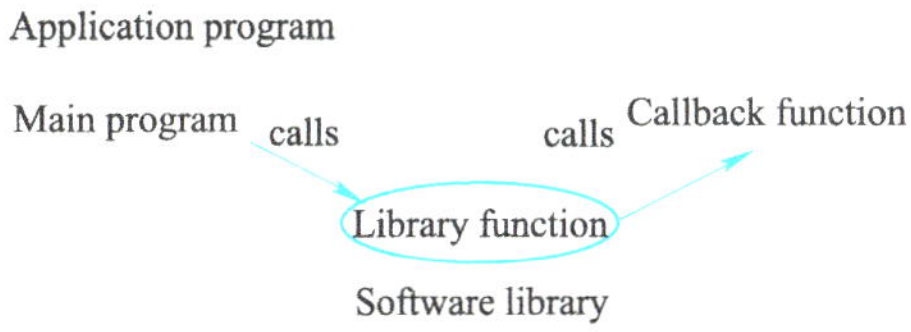

图6-12 回调函数工作原理示意图

下面通过一段简单的代码来说明该原理：

```
class Program
    {
        static void Main(string[] args)
        {
            /*  调用方法  */
            Test t = new Test();
            string r1 = t.Process("打电话叫醒", new ProcessDelegate(t.Process1));//注释1
            string r2 = t.Process("敲门叫醒", new ProcessDelegate(t.Process2));
            string r3 = t.Process("浇水叫醒", new ProcessDelegate(t.Process3));
            Console.WriteLine(r1);
            Console.WriteLine(r2);
            Console.WriteLine(r3);
            Console.ReadKey();
        }
    }

    public class Test
    {
        public string Process(string s1, ProcessDelegate process)
        {
            return process(s1);
        }

        public string Process1(string s1)
        {
            return "已通过" + s1;
        }

        public string Process2(string s1)
```

```
        return  s1 + "无效";
    }

    public string Process3(string s1)
    {
        return s1 + "很危险，确定要执行吗？";
    }
}
```

上面这段代码，在“注释1”处将回调函数注册给调用者，当其执行“Process（string s1，ProcessDelegate process）”方法时会自动调用相对应的处理函数，从而输出不同的结果。

通常来说，回调函数实现的机制包括以下几项。

1）定义一个回调函数。

2）提供函数实现的一方在初始化时将回调函数的函数指针注册给调用者。

3）当特定的事件或者条件发生时，调用者使用函数指针调用回调函数对事件进行处理。

4．委托

（1）委托是什么

1）从数据结构来说，委托和类一样是一种用户自定义类型。

2）从设计模式来说，委托（类）提供了方法（对象）的抽象。

既然委托是一种类型，那么它存储的是什么数据?

委托是方法的抽象，它存储的就是一系列具有相同签名和返回类型的方法的地址。调用委托时，委托包含的所有方法将被执行。

（2）委托类型的定义

委托是类型，就好像类是类型一样。与类一样，委托类型必须在被用来创建变量以及类型对象之前声明。委托的基本定义为delegate void MyDel(int x);从这里可以知道委托类型的声明需要使用delegate关键字作为开头，且委托具有返回类型、委托名和参数列表。

声明委托变量与声明一个类相同，需要调用委托名再给它一个变量名，如，MyDel del1,del2。

委托变量的初始化主要有以下两点。

1）使用new运算符。

new运算符的操作数的组成如下：

委托类型名；一组圆括号，其中包含作为调用列表中的第一个成员的方法的名字。方法可以是实例方法或静态方法。

```
del1 = new MyDel( myInstObj.MyM1 );
del2 = new MyDel( SClass.OtherM2 );
```

2）使用快捷语法。

快键语法仅由方法说明符构成。之所以能这样，是因为在方法名称和其相应的委托类型之间有隐式转换。

```
del1 = myInstObj.MyM1;
del2 = SClass.OtherM2;
```

由于委托是引用类型，可以通过给它赋值来改变包含在委托变量中的方法地址引用。旧的引用会被垃圾回收器回收。

```
MyDel del;
del = myInstaObj.MyM1; //委托初始化
del = SClass.OtherM2;//委托重新赋值，旧的引用将被回收
```

委托可以使用额外的运算符来组合。这个运算最终会创建一个新的委托，其调用列表是两个操作数的委托调用列表的副本的连接。

委托是恒定的，操作数委托创建后不会被改变。委托组合复制的是操作数的副本。

```
MyDel del1 = myObj.MyMethod;
MyDel del2 = SClass.OtherM2;
MyDel del3 = dcl1 + del2;    //组合调用列表
```

委托可以使用+=运算符，为委托新增方法；同样可以使用-=运算符，为委托移除方法。

```
MyDel del = myObj.MyMethod;
del += SClass.OtherM2; // 增加方法
del -= myObj.MyMethod; // 移除方法
```

委托调用与方法调用类似。委托调用后，调用列表的每个方法将会被执行。在调用委托前，应判断委托是否为空。调用空委托会抛出异常。

```
if(del != null)
{
    del();//委托调用
}
```

5．键值对

键值对存储是C#语言中最简单的组织形式。基本上所有的编程语言都带有应用在内存中的键值对存储。C++ STL的映射容器（Map Container）和Java的HashMap以及Python的字典类型都是键值对存储。键值对存储通常都有如下接口。

1）Get(key)：获取之前存储于某标示符“key”之下的一些数据，或者“key”下没有数据时报错。

2）Set(key, value)：将“value”存储到存储空间中某标示符“key”下，使得可以通过调用相同的“key”来访问它。如果“key”下已经有了一些数据，旧的数据将被替换。

3）Delete(key)： 删除存储在“key”下的数据。

在C#语言中通常使用Dictionary来作为键值对的对象。相同的还有App. config中的appSettings与Hashtable。

以Hashtable作为键值对的描述对象。在哈希表中对键值对进行的操作主要有如下5点。

1）在哈希表中读取一个特定键key的值：　HasshableObject [key] . value;
2）在哈希表中添加一个key/value键值对：HashtableObject. Add (key, value);
3）在哈希表中去除某个key/value键值对：HashtableObject. Remove (key);
4）从哈希表中移除所有元素：　HashtableObject. Clear ();
5）判断哈希表是否包含特定键key：　HashtableObject. Contains (key);

二、项目实现

1）打开VS2012软件，新建WPF应用程序：食用菌生产大棚项目。该程序为食用菌生产大棚项目的配套软件。

2）建立图片资源文件夹。在项目中新建文件夹Resources，该文件夹用于存放开发过程中需要使用的图片资源。

3）将配套的图片添加到Resources文件夹中。

4）引用外部类库。将外部类库ADAM. dll、MyCamer. dll、IPCameraDll. dll、Srr1100U. dll、Srr110uLib. dll、Utils. dll添加到项目中。

5）建立样式文件夹。在项目中新建文件夹Styles，该文件夹用于存放开发过程中控件使用的样式。

6）在Styles文件夹中新建资源词典BaseStyle. xaml和CommonStyle. xaml。在这两个资源词典中添加控件样式。部分样式代码如下，所有样式可查看配套资源中的相关文档。

```
<!--最小化按钮-->
<Style x:Key="SltBtnMinimized" TargetType="{x:Type Button}">
    <Setter Property="Width" Value="32"/> <!--设置按钮宽度-->
    <Setter Property="Height" Value="32"/><!--设置按钮高度-->
    <Setter Property="Template">
        <Setter.Value>
            <ControlTemplate TargetType="{x:Type Button}">
                <Border>
                    <!--设置按钮图片-->
                     <Image x:Name="imgContent" Source="/Resources/wintl_mini_nor.png"
Width="{TemplateBinding Width}" Height="{TemplateBinding Height}"/>
                </Border>
                <ControlTemplate.Triggers>
                    <Trigger Property="IsMouseOver" Value="True">
                        <!--设置移入按钮图片-->
                            <Setter TargetName="imgContent" Property="Source" Value="/
Resources/wintl_mini_nor.png"/>
                    </Trigger>
                    <Trigger Property="IsPressed" Value="True">
                        <!--设置单击按钮图片-->
                            <Setter TargetName="imgContent" Property="Source" Value="/
```

```
Resources/wintl_mini_press.png"/>
                        </Trigger>
                    </ControlTemplate.Triggers>
                </ControlTemplate>
            </Setter.Value>
        </Setter>
    </Style>
```

在上述代码中，可以看到新建样式的关键字为Style，而它的TargetType是样式基于的基本控件。通过设置Style的键值来获取设定的样式。样式中的Setter关键字是对基本控件中的属性进行设定，其通过Property关键字来绑定控件属性，当关键字中填入Template时，可以在控件中添加控件或事件。Trigger关键字是关系触发器，即事件的关键字，它关乎在该事件触发时需要进行的操作。

7）在APP. xaml文件中添加BaseStyle. xaml和CommonStyle. xaml的引用。添加之后就可以直接使用资源词典中添加的样式。

```
<Application.Resources>
    <ResourceDictionary>
        <ResourceDictionary.MergedDictionaries>
            <!--引用资源词典-->
            <ResourceDictionary Source="Styles\CommonStyle.xaml"/>
            <ResourceDictionary Source="Styles\BaseStyle.xaml"/>
        </ResourceDictionary.MergedDictionaries>
    </ResourceDictionary>
</Application.Resources>
```

8）在App. config文件中添加对本项目需要使用的设备的串口号等设备的基本设置。

```
<appSettings>
    <!--ADAM4150数字采集器端口-->
    <add key="Adam4150Port" value="COM3"></add><! --注释1 -->
    <!--ZigBee四通道采集器端口-->
    <add key="InPut4Port" value="COM5"></add>
    <!--超高频桌面发卡器端口-->
    <add key="SrrReaderPort" value="COM2"></add>
    <!--摄像头IP-->
    <add key="CameraIp" value="192.168.14.10:81"/>
    <!--摄像头用户名-->
    <add key="CameraUser" value="admin"/>
    <!--摄像头密码-->
    <add key="CameraPassword" value=""/>
  </appSettings>
```

在上述代码的“注释1”处，在这里添加了一个键值对，可以看到它的键名为ADAM4150Port，值为COM3，在调用键时，将会传回COM3这个值。

9）编辑MainWindow. xaml文件界面，实现图6-13所示的效果。

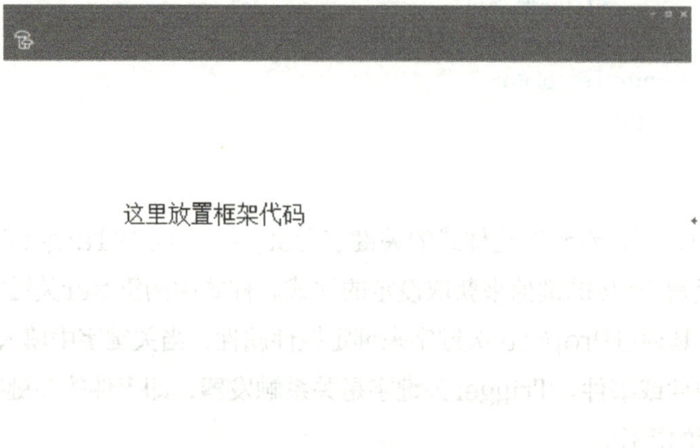

图6-13　MainWindow界面

10）建立页文件夹。在项目中新建文件夹Views，该文件夹用于存放项目中的所有页。

11）在文件夹Views中新建页PageHome. xaml、PageManager. xaml、PageEnvironment. xaml和PageMonitor. xaml。

12）建立帮助类文件夹。在项目中新建文件夹Common，该文件夹用于存放项目中需要使用的帮助类。

13）在文件夹中新建类文件，见表6-4。

表6-4　帮助类说明

类名	作用说明
public static class Config	设备配置信息帮助类
public class DeviceHelper: IDisposable	设备操作帮助类
public class DeviceInfo	设备信息帮助类
public static class Global	界面跳转帮助类
public class SetParams	设备参数帮助类

14）完成设备配置信息帮助类Config。该类用于读取存储在App. config中的设备配置信息以方便调用，将App. config中的所有配置在Config帮助类中实现，下面以ADAM 4150数字量采集器端口作为例子。

```
public static String sAdam4150Port = ConfigurationManager.AppSettings["Adam4150Port"];//注释1
```

在上述代码的“注释1”处，读取App. config文件中的Adam4150Port键的值给变量赋值。

15）完成界面跳转帮助类Global。该类用于实现项目中各个页之间的跳转。代码如下：

```
public static class Global
{
    /// <summary>
```

```
        /// 界面跳转委托
        /// </summary>
        public delegate void DgOnSkipPage(String pageName);
        public static DgOnSkipPage gOnSkipPage;
    }
```

16）完成设备参数帮助类SetParams。该类用于存储项目之中的设备的上下限，其各个参数见表6-5。

表6-5　SetParams帮助类说明

属性名称	作用说明
Int32 _LowLight	光照值下限
Int32 _HighLight	光照值上限
Int32 _LowTemp	温度值下限
Int32 _HighTemp	温度值上限
Int32 _LowHumi	湿度值下限
Int32 _HighHumi	湿度值上限

17）完成设备信息帮助类DeviceInfo。该类用于存储设备的状态与数据，其各个参数见表6-6（实现过程中可将温湿度、光照传感器的数据四舍五入）。

表6-6　DeviceInfo帮助类说明

属性名称	作用说明
Double? _TemValue	温度传感器数值
Double? _HumiValue	湿度传感器数值
Double? _LightValue	光照传感器数值
Boolean? _FlameSensorState	火焰传感器状态
String _FlameSensorStateText	火焰传感器信息
Boolean? _SmokeSensorState	烟雾传感器状态
String _SmokeSensorStateText	烟雾传感器信息
Boolean _IsAlarmNow	是否报警
Boolean _IsFanOpen	排气扇状态
Boolean _IsHeaterOpen	加热器状态

18）设备操作帮助类DeviceHelper用于实现对设备数据的读取与设备的控制功能。让DeviceHelper成为单例对象，使其不用实例化就能调用。

```
    private static DeviceHelper _Instance;
```

```
/// <summary>
/// 实例对象
/// </summary>
public static DeviceHelper Instance
{
    get
    {
        if (null == _Instance)
        {
            lock (typeof(DeviceHelper))
            {
                if (null == _Instance)
                {
                    _Instance = new DeviceHelper();
                }
            }
        }
        return _Instance;
    }
}
```

19）实现单例对象下调用设备信息帮助类。

```
private DeviceInfo _Infos;
/// <summary>
/// 设备信息
/// </summary>
public DeviceInfo Infos
{
    get
    {
        if (_Infos == null)
        {
            _Infos = new DeviceInfo();
        }
        return _Infos;
    }
}
```

20）实现单例对象下调用设备参数帮助类。

```
private SetParams _SetParams;
/// <summary>
/// 设置参数
/// </summary>
public SetParams SetParams
{
```

```
    set
    {
        if (value != null)
        {
            _SetParams.LowLight = value.LowLight;
            _SetParams.HighLight = value.HighLight;
            _SetParams.LowTemp = value.LowTemp;
            _SetParams.HighTemp = value.HighTemp;
            _SetParams.LowHumi = value.LowHumi;
            _SetParams.HighHumi = value.HighHumi;
        }
    }
    get
    {
        if (_SetParams == null)
        {
            _SetParams = new SetParams();
        }
        return _SetParams;
    }
}
```

21）实现单例对象下调用ADAM类库。

```
/// <summary>
/// ADAM4150数字量采集器
/// </summary>
private ADAM.ADAM4150 _Adam;
private ADAM.ADAM4150 Adam
{
    get
    {
        if(_Adam == null)
        {
            _Adam = new ADAM.ADAM4150(Config.sAdam4150Port);
            _Adam.InitSerialPort();
        }
        return _Adam;
    }
}
```

22）按照ADAM类库的方法，实现对ZigBee类库的调用。

23）在单例对象下实例化定时器。

```
/// <summary>
/// 数据采集定时器
/// </summary>
```

```
private System.Timers.Timer _TmrGetDeviceData = null;
private System.Timers.Timer TmrGetDeviceData
{
    get
    {
        if (_TmrGetDeviceData == null)
        {
            _TmrGetDeviceData = new System.Timers.Timer();//定义定时器
            _TmrGetDeviceData.Interval = 2000;//设置定时器执行间隔
            _TmrGetDeviceData.Elapsed += Timer_Tick;//设置定时器触发事件
        }
        return _TmrGetDeviceData;
    }
}
```

24）完成定时器轮询事件。当定时器开启时，实现四通道采集器与数字量采集器下各传感器数据的获取。

```
private void Timer_Tick(object sender, EventArgs e)
{
    try
    {
        lock (this)
        {
            Input4.Open();//打开四通道采集器对应串口
            Input4.GetSet();//获取四通道采集器数据
            //光照数据
            Infos.LightValue = Convert.ToDouble(Input4.lightValue);
            //温度数据
            Infos.TemValue =  Convert.ToDouble(Input4.temperatureValue);
            //湿度数据
            Infos.HumiValue =  Convert.ToDouble(Input4.humidityValue);
            Adam.Open();//打开数字量采集器对应串口
            Adam.SetData();//获取数字量采集器数据
            Infos.FlameSensorState = Adam.DI1;//火焰数据
            Infos.SmokeSensorState = Adam.DI2;//烟雾数据
            ExceedTmepLimit();//判断温度范围
        }
    }
    catch
    {
        return;
    }
    finally
    {
```

```
            if (OnReadCompleted != null)
            {
                OnReadCompleted.Invoke(Infos);//注释1
            }
        }
    }
```

在上述代码的“注释1”中，将读取到的设备数据通过回调函数进行数据的回调。

25）完成ExceedTmepLimit方法，该方法用于判断温度是否超出或低于界限值，并做出相应操作。

```
private void ExceedTmepLimit()
{
    // 高温
    if (Infos.TemValue < SetParams.LowTemp)
    {
        ControlHeater(true);
        ControlFan(false);
    }
    // 低温
    else if (Infos.TemValue > SetParams.HighTemp)
    {
        ControlHeater(false);
        ControlFan(true);
    }
    // 标准温度
    else
    {
        ControlHeater(false);
        ControlFan(false);
    }
}
```

26）完成ControlFan方法，实现根据传入参数控制排气扇开/关的功能。

```
public void ControlFan(Boolean state)
{
    if (state)
    {
        if (_Adam.OnOff(ADAM.ADAM4150FuncID.OnDO1))//控制排气扇
            Infos.IsFanOpen = state;
    }
    else
    {
        if (_Adam.OnOff(ADAM.ADAM4150FuncID.OffDO1))
            Infos.IsFanOpen = state;
```

```
    }
}
```

27）按照上述方法的完成方法，实现控制加热器的ControlHeater方法。

28）完成DgOnReadCompleted方法，该方法用于回调数据。

```
public delegate void DgOnReadCompleted(DeviceInfo infos);//创建委托
public event DgOnReadCompleted OnReadCompleted;//委托变量
```

29）完成Start、Stop、Dispose方法，作为单例对象操作硬件的基本方法。

```
public void Start()
{
    TmrGetDeviceData.Start();
}
public void Stop()
{
    TmrGetDeviceData.Stop();//停止获取数据
    ControlHeater(false);//关闭风扇
    ControlFan(false);
    Adam.Close();//关闭数字量采集器串口
    Input4.Close();//关闭四通道采集器串口
}
public void Dispose()
{
    Stop();
}
```

30）在MainWindow.xaml.cs文件中添加私有成员_PageList，用于存放各个页的信息。

```
private List<PageData> _PageList = new List<PageData>
{
    new PageData() {PageText="食用菌生产大棚", PagePath="/Views/PageHome.xaml", IsReturn = false },
    new PageData() {PageText="产品管理", PagePath="/Views/PageManager.xaml", IsReturn =true},
    new PageData() {PageText="内部环境", PagePath="/Views/PageEnvironment.xaml", IsReturn =true},
    new PageData() {PageText="安全监控", PagePath="/Views/PageMonitor.xaml", IsReturn =true},
};//注释1
```

在上述代码的“注释1”中，在一个泛型类中添加了4个项，它相当于如下代码：

```
private List<PageData> _PageList = new List<PageData>();
private void Set_PageList()
{
    _PageList.Add( new PageData() {PageText="食用菌生产大棚", PagePath="/Views/PageHome.xaml", IsReturn = false });
```

```
            _PageList.Add(new PageData() {PageText="产品管理", PagePath="/Views/PageManager.xaml", IsReturn =true});
            _PageList.Add(new PageData(){PageText="内部环境", PagePath="/Views/PageEnvironment.xaml", IsReturn =true});
            _PageList.Add(new PageData() {PageText="安全监控", PagePath="/Views/PageMonitor.xaml", IsReturn =true});
    }
```

31）完成窗体移动、标题栏双击时最大化最小化效果、窗体最小化、窗体最大化与关闭按钮的单击事件的功能。

32）在构造函数中添加如下代码，实现窗体的初始页面设置与窗体关闭事件的添加，通过给委托变量赋予委托实现页面的跳转功能。

```
    public MainWindow()
    {
        InitializeComponent();
        //设置初始页面
        SkipPage(_PageList[0]);
        //添加停止事件
        this.Dispatcher.ShutdownStarted += Dispatcher_ShutdownStarted;
        Global.gOnSkipPage += new Global.DgOnSkipPage(OnSkipPage); //注释1
        this.Width = 1080;
        this.Height = 645;
    }
```

在上述代码的“注释1”中，通过给Global类下的委托变量赋予委托实现当委托变量获得数值时，将数值传入回调方法OnSkipPage中的功能。

完成SkipPage方法，该方法用于设置主页面中标题栏文本与返回键的状态，并根据传入的界面信息显示对应的界面。

```
    private void SkipPage(PageData paged)
    {
    //设置标题栏文本
        LabTitle.Content = paged.PageText;
    //设置返回键状态
        ChkReturn.IsChecked = paged.IsReturn;
        ChkReturn.IsEnabled = paged.IsReturn;
    //设置显示页面
        MainFrame.Source = ResourcesHelper.Instance.GetResourceUri(paged.PagePath);
    }
```

33）完成返回按钮的单击事件，在事件中调用SkipPage方法，实现返回主页面的功能。

34）完成Dispatcher_ShutdownStarted事件，该事件用于在关闭项目进程的同时关闭项目运行时占用的线程。

```
    private void Dispatcher_ShutdownStarted(object sender, EventArgs e)
    {
```

```
        Window_Unloaded(null, null);//定义事件
    }
    private void Window_Unloaded(object sender, RoutedEventArgs e)
    {
        Global.gOnSkipPage -= OnSkipPage;
        // 停止数据采集
        DeviceHelper.Instance.Dispose();
    }
```

35）完成回调方法OnSkipPage，实现当回调方法获取到页面名称时，根据页面名称获取页面信息并调用页面跳转方法实现页面的跳转。

```
private void OnSkipPage(String pageName)
{
    //获取页面信息
    PageData page = _PageList.Find(item => item.PageText.Equals(pageName));
    //跳转页面
    SkipPage(page);
}
```

36）完成窗体加载事件，在该事件中开始数据的采集。由于数据采集有时间差异，因此在跳转到需要用到数据的页面时，需要等待几秒。

```
private void Window_Loaded(object sender, RoutedEventArgs e)
{
    // 开启数据采集
    DeviceHelper.Instance.Start();
}
```

37）编辑PageHome.xaml文件界面，实现图6-1所示的效果。

38）将界面中的3个按钮通过Grid分成3个小格后，通过Grid的单击事件判断单击的小格，返回对应按钮的信息给MainWindow窗体，实现页面的跳转。

```
private void Grid_Click(object sender, System.Windows.RoutedEventArgs e)
{
    //判断被单击的Grid
    if (e.Source.Equals(this.BtnManager))
    {
        Global.gOnSkipPage("产品管理");
    }
    else if (e.Source.Equals(this.BtnEnvironment))
    {
        Global.gOnSkipPage("内部环境");
    }
    else if (e.Source.Equals(this.BtnMonitor))
```

```
    {
        Global.gOnSkipPage("安全监控");
    }
}
```

39）编辑PageManager. xaml文件界面，效果如图6-14所示。

图6-14　PageManager.xaml结果界面

40）编辑PageManager. xaml. cs构造方法，实现对扫描框初始值的设定，并添加项目关闭事件。

```
public PageManager()
{
    InitializeComponent();
    //设置扫描框状态
    ChkScanBox.IsChecked = false;
    this.Dispatcher.ShutdownStarted += Dispatcher_ShutdownStarted;
    this.GridScanResult.Visibility = Visibility.Collapsed;
    this.GridScan.Visibility = Visibility.Visible;
}
```

41）完成Dispatcher_ShutdownStarted事件，该事件实现当项目停止运行时，关闭超高频读卡器的连接功能，避免计算机资源的浪费。

```
private void Dispatcher_ShutdownStarted(object sender, EventArgs e)
{
    Page_Unloaded(null, null);
```

```
}
//实例化超高频读卡器操作对象
private SrrReader _Reader = new SrrReader(Config.sSrrReaderPort);
private void Page_Unloaded(object sender, RoutedEventArgs e)
{
    _Reader.CloseDevice();
}
```

42）完成“扫描电子标签”按钮的单击事件。实现当用户单击“扫描电子标签”按钮后，判断超高频读卡器是否连接，如已连接则开始扫描电子标签的功能。

```
private void BeginScan(object sender, RoutedEventArgs e)
{
    if (_Reader.ConnDevice() != 0)
    {
        MessageBox.Show("设备连接失败！");
        return;
    }
    ChkScanBox.IsChecked = true;
    //调用回调函数
    _Reader.Read(ReadCallback);
}
```

43）完成回调方法ReadCallback，实现当超高频读卡器扫描到电子标签时，根据电子标签ID获取对应的食用菌信息并设置扫描框的功能。

```
private void ReadCallback(String rfid)
{
    this.Dispatcher.BeginInvoke(DispatcherPriority.Background,
        (Action)(() => {
            //根据超高频卡数据获取信息
            Produce prod = ProduceHelper.Instance.GetProduceByCode(rfid);
            this.LabCardcode.Content = prod.Cardcode;
            this.LabName.Content = prod.Name;
            this.LabCollectTime.Content = prod.CollectTime;
            this.LabSaveTemperature.Content = prod.SaveTemperature;
            this.LabShelfLife.Content = prod.ShelfLife;
            this.GridScanResult.Visibility = Visibility.Visible;
            this.GridScan.Visibility = Visibility.Collapsed;
        })
    );
}
```

实现扫描结果关闭按钮的单击事件。

44）编辑PageMonitor.xaml文件界面，实现图6-15和图6-16所示的效果。

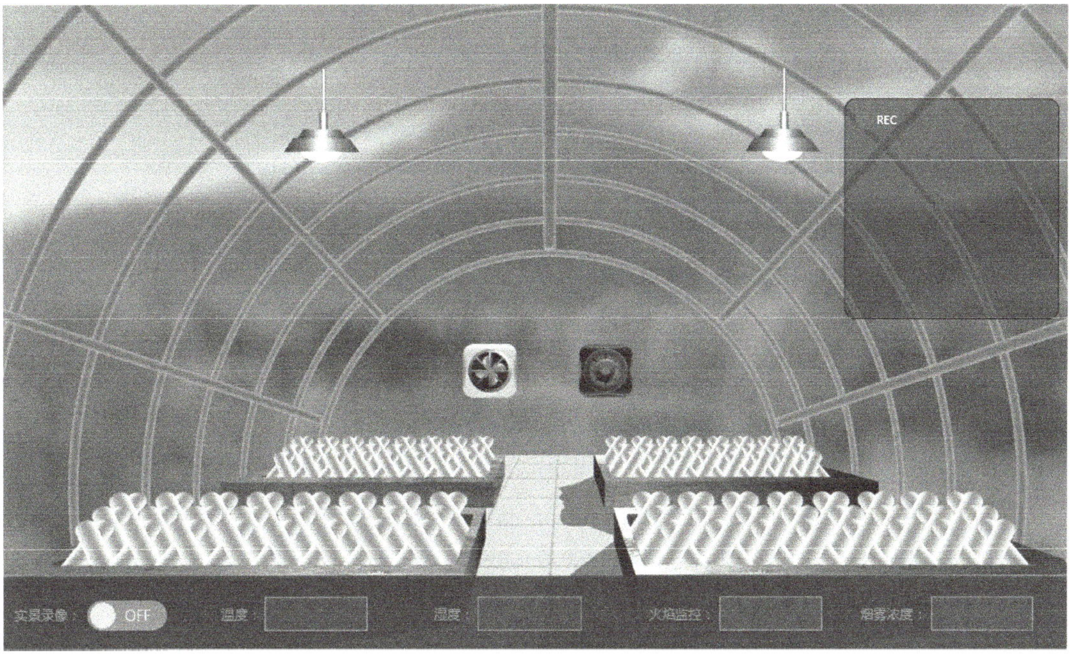

图6-15　PageMonitor.xaml界面

图6-16　PageMonitor.xaml报警框

45）编辑PageMonitor.xaml.cs的构造方法，实现对PageMonitor.xaml的一些基本设置。

```
public PageMonitor()
{
    InitializeComponent();
    this.AlarmPanel.Visibility = Visibility.Collapsed;
    DeviceHelper.Instance.OnReadCompleted += Instance_OnReadCompleted;
}
```

46）完成Instance_OnReadCompleted回调事件，该事件用于获取设备的数据，并根据是否为报警状态对报警框可视化进行设置。

```
public void Instance_OnReadCompleted(DeviceInfo infos)
{
    this.Dispatcher.BeginInvoke(DispatcherPriority.Background,
        (Action)(() => {
```

```
                //根据数据设置控件文本
                this.LabTempValue.Content = infos.TemValue;
                this.LabHumiValue.Content = infos.HumiValue;
                this.LabFireState.Content = infos.FlameSensorStateText;
                this.LabSmokeState.Content = infos.SmokeSensorStateText;
                if (infos.IsAlarmNow)
                {
                    this.AlarmPanel.Visibility = Visibility.Visible;
                }
                else
                {
                    this.AlarmPanel.Visibility = Visibility.Collapsed;
                }
            })
        );
    }
```

实现报警框关闭按钮的单击事件。

47）实现摄像头对象的实例化。摄像头操作类实例化的参数有摄像头IP、摄像头用户名、摄像头密码和摄像头图像获取委托。

```
private IPCamera _VedioAndController;
public IPCamera VedioAndController
{
    get
    {
        if (_VedioAndController == null)
        {
            //实例化摄像头操作对象
            _VedioAndController = new IPCameraHelper//注释1
                Config.sCameraIp,
                Config.sCameraUser,
                Config.sCameraPassword,
                //新建委托
                new Action<ImageEventArgs>((arg) =>
                {
                    if(this.ChkCamera.IsChecked == true)
                    this.ImgCamera.Source = arg.FrameReadyEventArgs.BitmapImage;
            }));
        }
        return _VedioAndController;
    }
}
```

在上面代码的“注释1”处，由于IPCamera类是一个接口，无法正常实例化，因此采用

IPCameraHelper类作为其实例化对象。

48）实现摄像头开关按钮的单击事件。

```
private void BulletCheckBox_Click(object sender, RoutedEventArgs e)
{
    if (this.ChkCamera.IsChecked == true)
    {
        //开始摄像头图像获取
        VedioAndController.StartProcessing();
    }
    else
    {
        VedioAndController.StopProcessing();
        //停止摄像头图像获取
        this.ImgCamera.Source = null;
    }
}
```

49）完成窗体停止运行事件。当窗体关闭时，停止摄像头图像的获取，避免对计算机资源的占用。

```
private void Page_Unloaded(object sender, RoutedEventArgs e)
{
    DeviceHelper.Instance.OnReadCompleted -= Instance_OnReadCompleted;
    VedioAndController.StopProcessing();
}
```

50）编辑PageEnvironment.xaml文件界面，实现图6-17所示的效果。

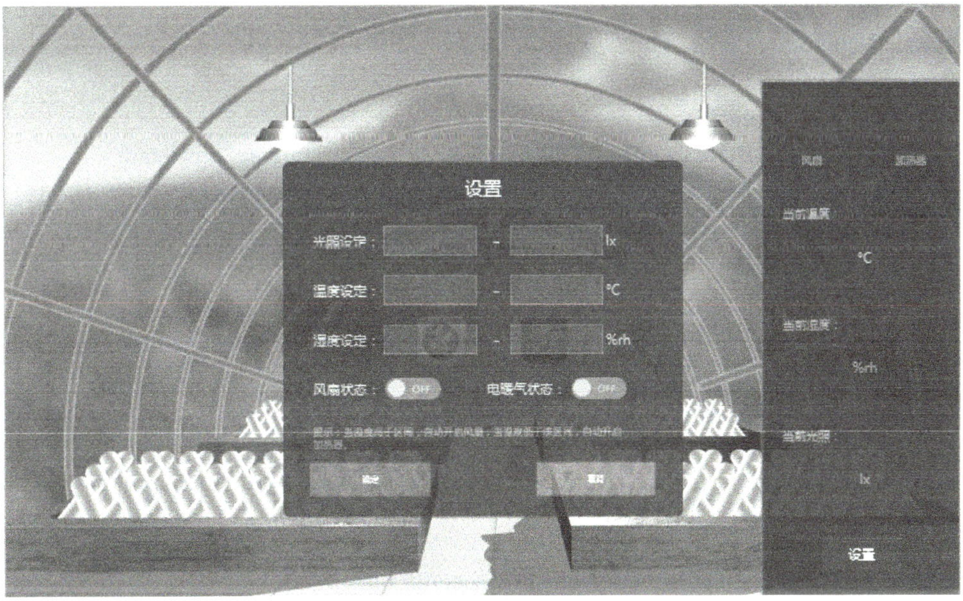

图6-17　PageEnvironment界面

51）在PageMonitor. xaml. cs文件中添加风扇动画属性。为动画属性添加图片，实现动画的效果。

```
private TmrAnimation _FanAnimation;
private TmrAnimation FanAnimation
{
    get
    {
        if (_FanAnimation == null)
        {
            //定义风扇动画
            _FanAnimation = new TmrAnimation(
            0.1,
            ResourcesHelper.Instance.GetImageResource("Resources/fan_1.png"),
            ResourcesHelper.Instance.GetImageResource("Resources/fan_2.png"),
            ResourcesHelper.Instance.GetImageResource("Resources/fan_3.png"),
            ResourcesHelper.Instance.GetImageResource("Resources/fan_4.png"),
            ResourcesHelper.Instance.GetImageResource("Resources/fan_5.png"),
            ResourcesHelper.Instance.GetImageResource("Resources/fan_6.png")
            );
        }
        return _FanAnimation;
    }
}
```

52）按照上述方法，实现加热器动画。

53）编辑构造函数，实现图片动画的设置，通过OnReadCompleted事件将设备数据赋予控件的功能。

```
public PageEnvironment()
{
    InitializeComponent();
    DeviceHelper.Instance.OnReadCompleted += Instance_OnReadCompleted;
    this.Dispatcher.ShutdownStarted += Dispatcher_ShutdownStarted;
    this.PanelSet.Visibility = Visibility.Collapsed;
    //动画图片更换时间
    FanAnimation.OnImageChanged += FanAnimation_OnImageChanged;
    HeaterAnimation.OnImageChanged += HeaterAnimation_OnImageChanged;
    this.ImgFan.Source = FanAnimation.Img;
    this.ImgHeater.Source = HeaterAnimation.Img;
}
```

54）完成Instance_OnReadCompleted回调事件，该事件用于获取设备的数据与设备的状态。

```
private void Instance_OnReadCompleted(DeviceInfo infos)
{
```

```
    this.Dispatcher.BeginInvoke(DispatcherPriority.Background,
        (Action)(() => {
        this.LabTemValue.Content = infos.TemValue;
        this.LabHumiValue.Content = infos.HumiValue;
        this.LabLightValue.Content = infos.LightValue;
        this.ChkFanState.IsChecked = infos.IsFanOpen;
        this.ChkHeaterState.IsChecked = infos.IsHeaterOpen;
        if (infos.IsFanOpen)
            FanAnimation.Start();
        else
            FanAnimation.Stop();
        if (infos.IsHeaterOpen)
            HeaterAnimation.Start();
        else
            HeaterAnimation.Stop();
        }));
    };}
```

55）完成Dispatcher_ShutdownStarted事件，该事件是当页面跳转后执行的事件。

```
private void Dispatcher_ShutdownStarted(object sender, EventArgs e)
{
    Page_Unloaded(null, null);
}
private void Page_Unloaded(object sender, RoutedEventArgs e)
{
    //关闭数据获取
    DeviceHelper.Instance.OnReadCompleted -= Instance_OnReadCompleted;
    //停止动画
    this.FanAnimation.Stop();
    this.HeaterAnimation.Stop();
}
```

56）完成FanAnimation_OnImageChanged事件，该事件实现风扇图片的更换，以完成动画效果。

```
private void HeaterAnimation_OnImageChanged()
{
    this.ImgHeater.Source = HeaterAnimation.Img;
}
```

按照上述方法，实现FanAnimation_OnImageChanged事件。

57）完成设备阈值设置框按钮单击事件。实现当设置按钮被单击时，判断单击的按钮执行相应的事件。

```
private void OpenCloseSetting(object sender, RoutedEventArgs e)
{
    if (e.Source.Equals(this.BtnSet))
```

```
        {
                this.PanelSet.Visibility = this.PanelSet.Visibility == Visibility.Visible ? Visibility.
Collapsed : Visibility.Visible;
        }
        else if (e.Source.Equals(this.BtnCancel))
        {
            this.PanelSet.Visibility = Visibility.Collapsed;
        }
        else if (e.Source.Equals(this.BtnSave))
        {
            if (!SaveSetParams())
            {
                MessageBox.Show("保存失败，请检查！");
            }
            else
            {
                this.PanelSet.Visibility = Visibility.Collapsed;
            }
        }
    }
```

58）完成SaveSetParams方法，该方法用于实现判断输入的设备阈值是否正确，并在设备阈值均正确的情况下投入设备控制的功能。

```
    private Boolean SaveSetParams()
    {
        Int32[] temps = new Int32[6];
        // 判断输入是否正确
        if (!Int32.TryParse(this.Low_Temp.Text.ToString(), out temps[0]) ||
        !Int32.TryParse(this.High_Temp.Text.ToString(), out temps[1]) ||
        !Int32.TryParse(this.Low_Humi.Text.ToString(), out temps[2]) ||
        !Int32.TryParse(this.High_Humi.Text.ToString(), out temps[3]) ||
        !Int32.TryParse(this.Low_Light.Text.ToString(), out temps[4]) ||
        !Int32.TryParse(this.High_Light.Text.ToString(), out temps[5]))
        {
            return false;
        }
        SetParams pars = new SetParams();
        pars.LowTemp = temps[0];
        pars.HighTemp = temps[1];
        pars.LowHumi = temps[2];
        pars.HighHumi = temps[3];
        pars.LowLight = temps[4];
        pars.HighLight = temps[5];
        // 判断区间是否正确
```

```
        if ((pars.LowLight > pars.HighLight) ||
         (pars.LowTemp > pars.HighTemp) ||
         (pars.LowHumi > pars.HighHumi))
        {
            return false;
        }

        DeviceHelper.Instance.SetParams = pars;
        return true;
    }
```

59）完成设备阈值设置框可视化变更事件，实现当设置框为可视时，读取设备阈值并显示到设置框中。

```
    private void PanelSet_IsVisibleChanged(object sender, DependencyPropertyChangedEventArgs
e)
    {
        if (this.PanelSet.Visibility == Visibility.Visible)
        {
            //读取设备数据设置控件文本
            this.Low_Temp.Text = DeviceHelper.Instance.SetParams.LowTemp.ToString();
            this.High_Temp.Text = DeviceHelper.Instance.SetParams.HighTemp.ToString();
            this.Low_Humi.Text = DeviceHelper.Instance.SetParams.LowHumi.ToString();
            this.High_Humi.Text = DeviceHelper.Instance.SetParams.HighHumi.ToString();
            this.Low_Light.Text = DeviceHelper.Instance.SetParams.LowLight.ToString();
            this.High_Light.Text = DeviceHelper.Instance.SetParams.HighLight.ToString();
        }
    }
```

三、检验与测试

1）检测温湿度传感器的数据读取，能根据数值自动开启空调和暖气（以排气扇模拟）。

2）检测光照传感器的数据读取，能根据数值自动开启日光灯。

3）检测火焰、烟雾传感器的数据读取，能根据数值自动判断食用菌生产大棚是否处于危险状态，如是则打开报警灯并执行应急措施。

4）检测将成品菌绑定RFID实现食品的智能溯源功能是否可以正常使用。

单元小结

本单元通过食用菌生产大棚项目这一传统农业的智能化升级工程，着重介绍了桌面超高频读卡器的使用方法和相关编码技巧，同时也让学生了解了RFID在物联网工程中的一种常用的使用方式。

拓展训练

试利用本单元的设备和相关知识完成“列车安防系统”的项目实施。该项目场景为列车车厢内部，通过相关系统软件的开发，实现对车厢内部的安防监控。项目需求如下。

1）正确安装和部署相关设备。

2）自行定义系统界面，以美观、操作方便、符合用户操作习惯为宜。

3）对车厢内部实行视频监控。

4）对列车内部，包括列车连接处和卫生间实现烟情、火情的监控，当出现烟情和火情时自动报警。

UNIT 7

单元7 智能商超改造项目

扫描二维码
观看视频

学习目标

- 掌握小票打印机的使用方法。
- 掌握智能商超改造项目的设计原理。
- 掌握项目设备的安装和调试方法。
- 掌握软件开发技术。

单元概述

随着计算机、网络、电子技术的发展，各种方便生活的自动控制系统逐步进入了人们的生活。智能商超是随着人们对生活条件的不断追求、科技的不断发展应运而生的高科技产品，它具有管理安全方便、节能省电、节省人力资源等优点。本单元主要介绍智能商超改造项目的实施与软件开发过程。

任务1 智能商超改造项目概览

一、智能商超改造项目目的

通过智能商超改造项目的实现，学会小票打印机的使用方法，并通过建立工程实现对超市安全的实时监控与顾客的自助化购物结算功能。

本功能需要实现的功能主要包括以下几个部分。

1）搭建商超改造项目的硬件环境，并学会条码扫描枪与小票打印机的使用方法。

2）编写程序实现实时监控超市环境安全的功能。

3）编写程序实现顾客的自助化购物功能。

二、智能商超改造项目预览

本单元完成后，读者将通过对火焰、烟雾等传感器的实时监测，实现对超市环境安全的监测；通过扫描商品条码计算购物金额，顾客使用高频卡结算后，打印出购物小票并打开闸门。工程运行效果如图7-1～图7-5所示。

图7-1　商超改造项目主界面

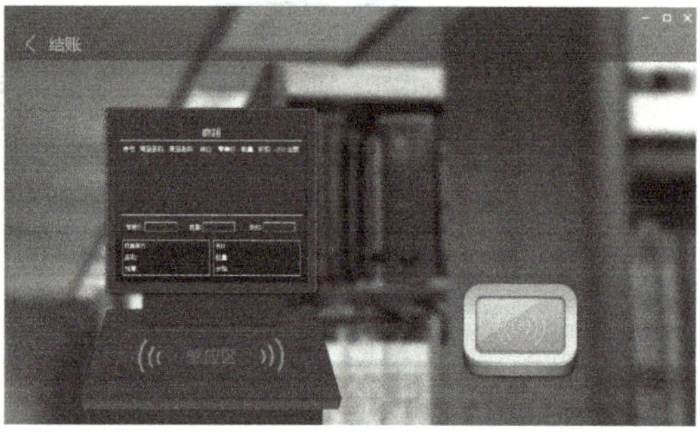

图7-2　结账界面

图7-3　内部环境界面

图7-4　安全监控界面

图7-5　安全监控界面报警

任务2　智能商超改造项目分析

一、智能商超改造项目描述

本项目采用火焰传感器、烟雾传感器、摄像头、报警灯、ADAM 4150数字量采集模块等作为核心设备。本工程系统用例图如图7-6所示。

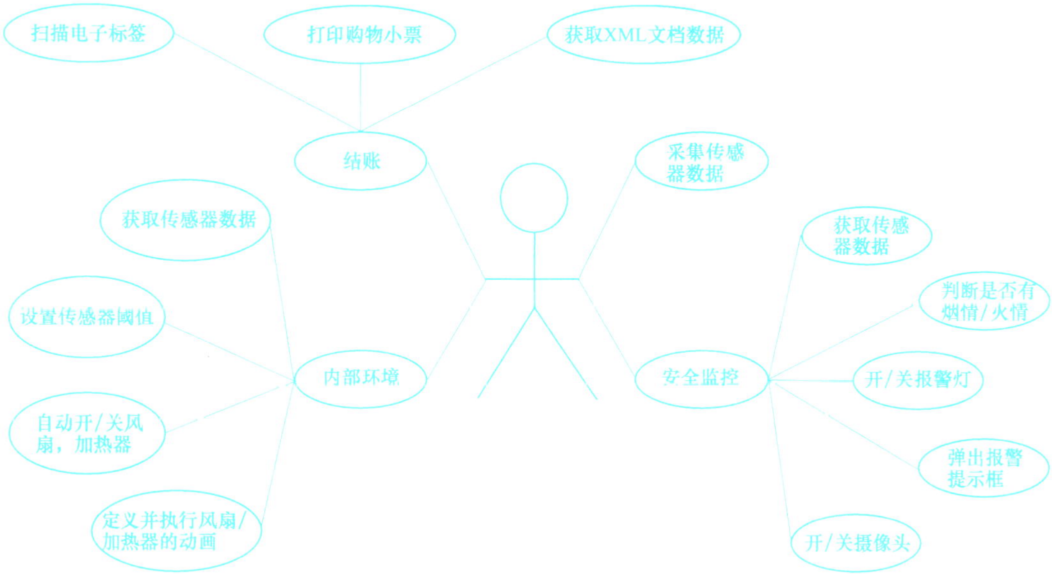

图7-6　智能商超改造项目系统用例图

本项目将实现的功能如下。

1）通过读取火焰、烟雾传感器的数据，判断超市是否处于危险状态，如是则打开报警灯并执行应急措施。

2）通过读取温度传感器的数据，判断超市当前温度，温度过高则开启空调，温度过低则开启暖气（以排气扇模拟）。

3）使用扫描枪对商品的条码进行扫描，根据条码从数据库中获得商品的信息。

4）从信息中将商品单价取出，并根据各商品数量进行金额结算，将购物金额输出到LED显示屏。

5）顾客使用高频卡进行结算，扣除购物金额后打印购物小票并打开闸门。

二、智能商超改造项目背景描述

1．热敏打印机

热敏打印机的原理是在淡色材料上（通常是纸）覆上一层透明膜，将膜加热一段时间后变成深色（一般是黑色，也有蓝色）。图像是通过加热在膜中产生化学反应而生成的，这种化学反应是在一定的温度下进行的。高温会加速这种化学反应，当温度低于60℃时，膜需要经过相当长（甚至长达几年）的时间才能变成深色；而当温度为200℃时，这种反应会在几微秒内完成。热敏打印机有选择地在热敏纸的确定位置上加热，由此就产生了相应的图形。加热是由与热敏材料相接触的打印头上的一个小电子加热器完成的，加热器排成方点或条的形式由打印机进行逻辑控制，当被驱动时，就在热敏纸上生成一个与加热元素相应的图形。控制加热元素的逻辑电路，同时也控制着进纸，因而能在整个标签或纸张上印出图形。本工程中使用的小票打印机和热敏纸实体如图7-7所示。

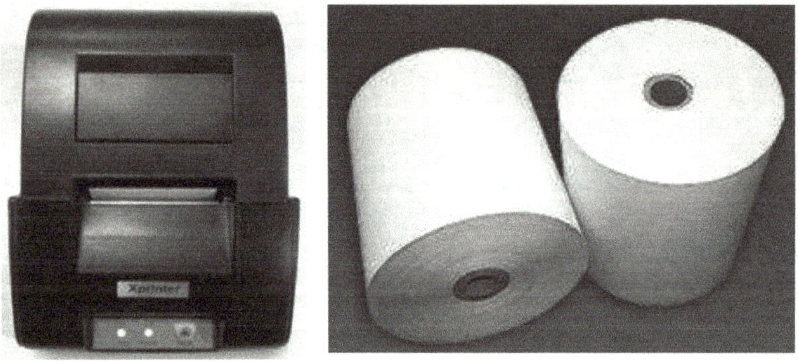

图7-7　小票打印机和热敏纸

2．条码扫描枪

条码扫描枪也称条码扫描器。扫描枪作为光学、机械、电子、软件应用等技术紧密结合的高科技产品，是继键盘和鼠标之后的第三代主要的计算机输入设备。扫描枪自20世纪80年代诞生之后，得到了迅猛的发展和广泛的应用，从最直接的图片、照片、胶片到各类图样图形以及文稿资料，都可以通过扫描枪输入到计算机中，进而实现对这些图像信息的处理、管理、使用、存储或输出。条码扫描枪实体如图7-8所示。

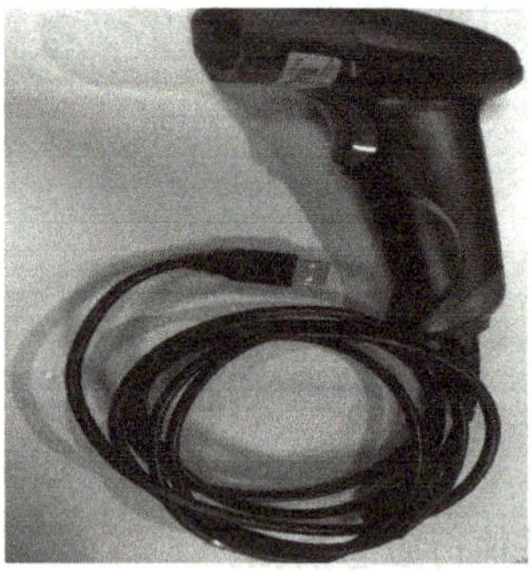

图7-8　条码扫描枪

任务3 智能商超改造项目实施

一、设备列表

智能商超改造项目硬件设备清单见表7-1。

表7-1 智能商超改造项目设备清单

序号	设备名称	单位	数目
1	条码扫描枪	个	1
2	小票打印机	台	1
3	超高频读卡器	个	1
4	RFID卡片	张	若干
5	LED显示屏	个	1
6	网络摄像头（设备编码BVCAM00013010）	个	1
7	红外对射传感器	个	1
8	火焰传感器	个	1
9	烟雾传感器	个	1
10	报警灯	个	1
11	继电器	个	3
12	ADAM 4150数字量采集器	个	1
13	RS-232转RS-485的无源转换器	个	1
14	温湿度传感器	个	1
15	排气扇	个	2
16	ZigBee四通道采集器	个	1
17	串口服务器	个	1
18	路由器	个	1
19	开发用计算机	台	1
20	网线	根	3

除以上设备外，还需要配备连接线若干与各设备电源适配器。

二、模拟项目连线图

智能商超改造项目硬件设备连接图如图7-9所示。

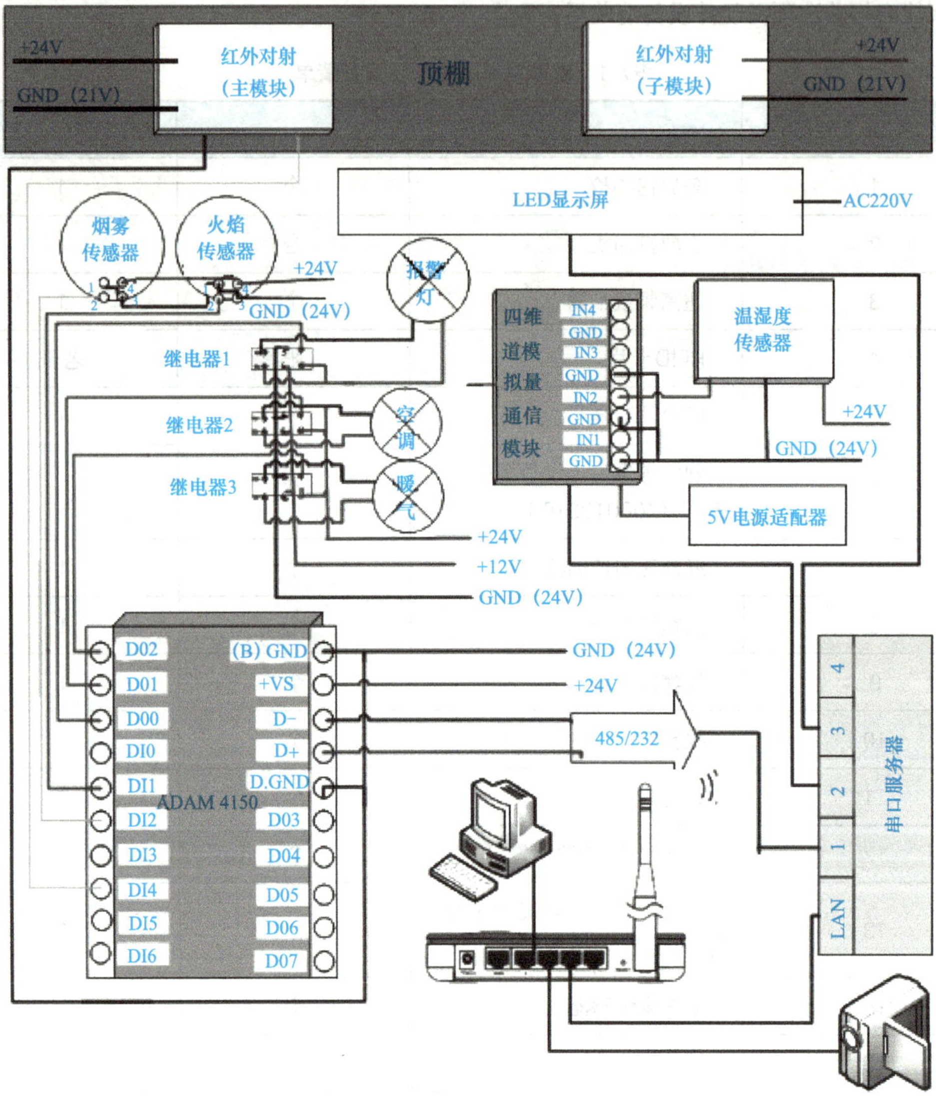

图7-9　智能商超改造项目硬件设备连接图

三、设备安装与布线

1．设备安装的注意事项

超市是人流量较大的一个服务性场所，对超市进行智能化改造就必须考虑大众的日常生活习惯，加强用户体验度。因此在收费环节要保证条码扫描枪的高准确性和低故障率，小票打印机也是一样，否则会影响顾客的消费体验。

网络摄像头除了要覆盖整个商超之外，对于收银区域和贵重物品区域要进行加装，以保证货品和现金的安全，降低被盗概率。摄像头可以明暗结合的方式安装，明处的摄像头同时还可以起到一定的威慑作用。该安防工程的安装效果可参考图7-10。

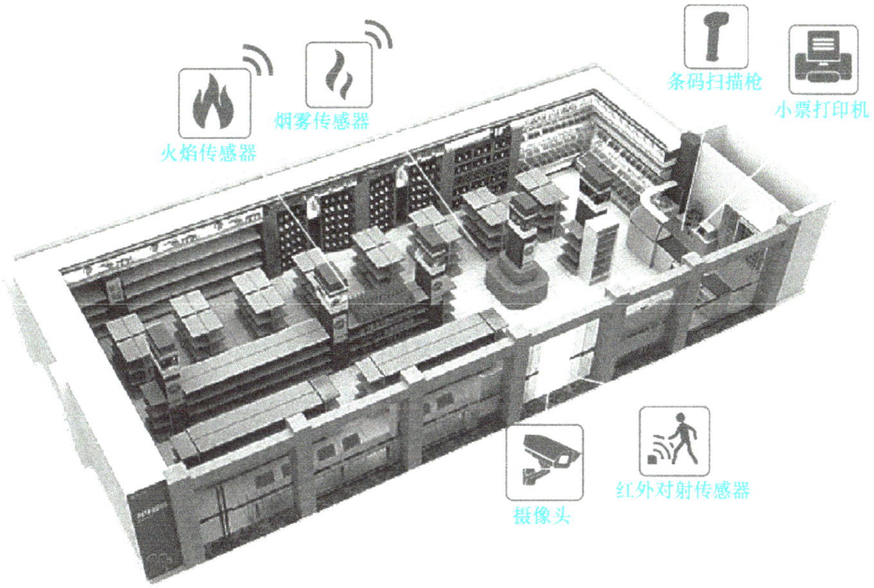

图7-10　设备现场安装效果图

2. 模拟工程项目的安装与线路接驳步骤

1）路由器、串口服务器、摄像头的安装和配置。

2）超高频读卡器的安装。

3）LED显示屏、报警灯的安装与线路连接。

4）ADAM 4150数字量采集器、四通道模拟量通信模块的安装与线路连接。

5）烟雾传感器、火焰传感器、红外对射传感器的安装。

6）温湿度传感器的安装。

7）排气扇与继电器的安装。

8）打印机的配置。

① 安装“小票打印机\驱动.exe”。

② 安装完成后单击设备和打印机可以看到图7-11所示的打印机设备。

③ 用鼠标右键单击XP-58打印机，选择打印机属性，将打印机端口设置为USB虚拟打印机端口后，即可使用打印机打印文本，如图7-12所示。

图7–11　设备和打印机

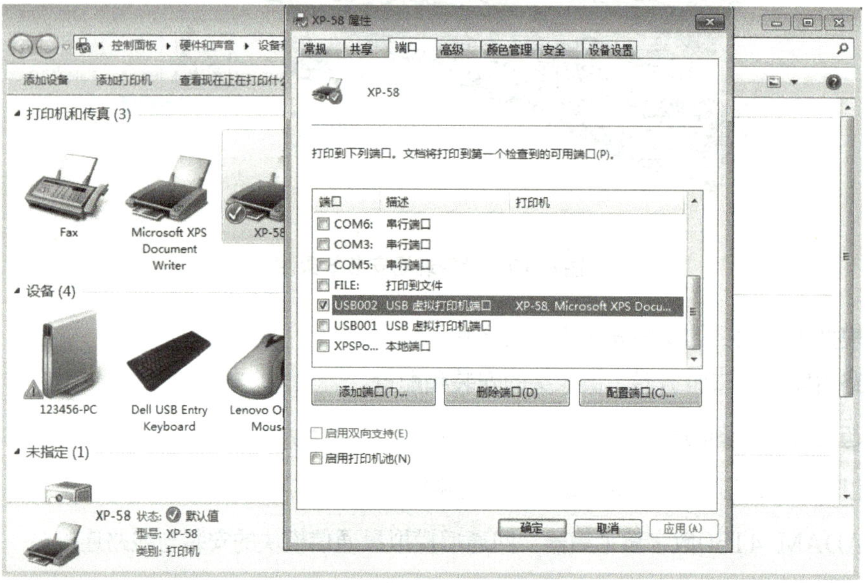

图7–12　打印机端口设置

任务4　智能商超改造项目配套软件开发

一、背景知识与关键步骤

1．用户控件

用户控件是在应用程序内部或应用程序之间提供一致性行为和用户界面的复合控件。用户控件可以是某个应用程序的本地控件，也可以添加到库中并编译成DLL文件供多个应用程序使用。

用户控件易于创建，但它们在高级方案中使用起来可能不太方便。开发用户控件的方式与开发窗体页的方式几乎完全相同。与窗体相似，用户控件可以在可视化设计器中创建，可以使用XMAL代码来编写，并且可以处理执行事件。但是，由于用户控件在运行时动态地进行编译，所以不能将它们添加到工具箱中，而且它们在添加到页面上时由简单的占位符标志符号来表示。用户控件的创建界面如图7-13所示。

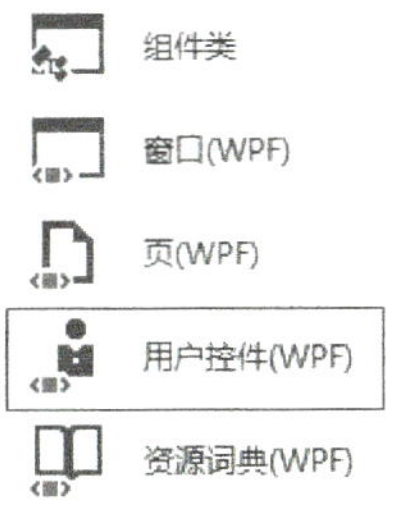

图7-13 用户控件的创建界面

2. 自定义控件

自定义控件将用户界面和其他功能都封装起来到可复用的包中。自定义控件和标准的控件相比，除了它们有一个不同的标记前缀并且必须进行显式注册和部署以外，并没有什么不同。此外，自定义控件拥有自己的对象模型，能够触发事件，并支持Microsoft Visual Studio的所有设计特性。自定义控件的创建界面如图7-14所示。

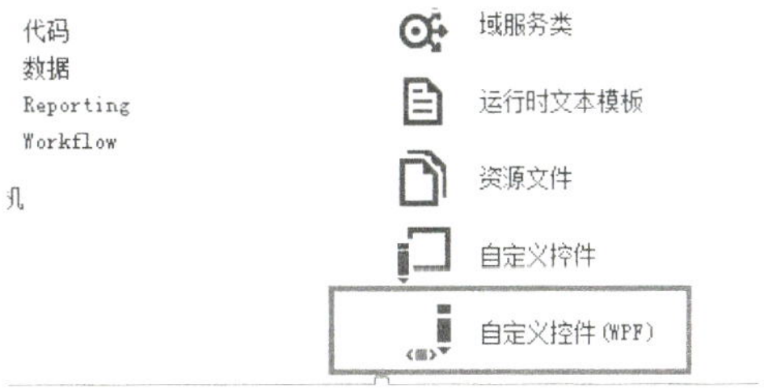

图7-14 自定义控件的创建界面

自定义控件的范围很广，从简单到复杂，可以自定义一些简单的按钮、文本框控件等，也可以自定义类似报表控件、表格控件和文字处理控件等的复杂控件，可以通过组合现有控件、扩展现有控件或是完全创作自己的自定义控件来达到需要。创建自定义控件的主要步骤如下。

1）构建界面视图。

2）创建私有变量。

3）创建自定义属性。

4）设计方法。

3. Flow Document流文档

WPF面向的是UI展现，而文本显示无疑是UI层中的重要功能之一。WPF提供了XPS（XML文件规范）和Flow Document（流文档）以在不同的场景下展现或者操作文档的显示。XPS（XML文件规范）针对打印和面向页面的内容，而流文档则针对屏幕显示以及提供更动态和可以论证的更复杂模型。流文档几乎适用于与文本内容相关的所有方面，从产品说明到整本书籍。

Flow Document是WPF3.0中提供的一个用于显示的新功能，它给开发人员提供了另一种选择来显示内容。Flow Document通过类似HTML文档的格式定义文本流，但其功能更强大，并可提供明显更先进的布局选项。它内置了很多的元素，例如，Figure、Paragraph、Section、Floater、Table、InlineUIContainer等可以通过不同的布局和元素控制其显示方式。并且，它对图像的支持，使其可以像在HTML中一样随意控制。再加上其默认支持的导航、显示模式、搜索，让其内容展现方式有了进一步的提高。

Flow Document定义了这个流文档的顶级显示模式，在其内部可以包含诸如Section、Paragraph等标签，用来控制其层级显示模式。这就类似于HTML中的DIV、TABLE等区域控制标签一样用来组成文档的显示结构。定义一个流文档很简单，通过声明一个Flow Document和其内部的显示结构即可，例如，以下代码显示了如何来创建简单的显示功能。

```
<FlowDocument xmlns="http://schemas.microsoft.com/winfx/2006/xaml/presentation"
              ColumnWidth="400" FontSize="14" FontFamily="Georgia">
    <Paragraph>
            流文档示例
        </Paragraph>
        <Paragraph FontSize="18">More flow elements</Paragraph>
        <Paragraph FontSize="15">Inline, font type and weight, and a List</Paragraph>
        <List>
            <ListItem>
                <Paragraph>ListItem 1</Paragraph>
            </ListItem>
            <ListItem>
                <Paragraph>ListItem 2</Paragraph>
            </ListItem>
        </List>
        <Paragraph>
        <Bold>字体示例</Bold>
        </Paragraph>
        <Paragraph>
            <Underline>字体示例</Underline>
        </Paragraph>
        <Paragraph>
            <Bold>
                <Underline>字体示例</Underline>
            </Bold>
        </Paragraph>
        <Paragraph>
            <Italic>字体示例</Italic>
        </Paragraph>

</FlowDocument>
```

前面显示了XAML的效果。这里仅显示了3个Paragraph并设置了简单的样式，但没有高级布局设置。Flow Document以默认的Page Viewer方式展示，如图7-15所示。

图7-15　FlowDocument效果

4. Lock线程锁

当使用多线程的时候，效率最高的方式当然是使用异步操作。即多个线程同时运行，彼此不相互依赖和等待。但是，当不同的线程都需要对某个资源进行访问时，就需要同步机制了，也就是说当对同一个资源进行读写的时候，要使该资源在同一时刻只能被一个线程操作，以确保每个操作都是有效即时的，也即保证其操作的原子性。Lock是C#中最常用的同步方式。

Lock线程锁可确保当一个线程位于代码的临界区时，另一个线程不会进入该临界区。如果其他线程尝试进入锁定的代码，则它将一直等待（即被阻止），直到该对象被释放。在多线程中，每个线程都有自己的资源，但是代码区是共享的，即每个线程都可以执行相同的函数。这可能带来的问题就是几个线程同时执行一个函数，导致数据混乱，产生不可预料的结果。其常见的结构有Lock（this）、Lock（typeof（MyType））和Lock（myLock）。如果实例可以被公共访问，将使用Lock（this）。最常使用的Lock线程锁代码如下：

```
private static object objLock = new object();
lock (objLock)
{
    //要执行的代码逻辑
}
```

二、项目实现

1）打开VS2012软件，新建WPF应用程序：商超改造项目。该程序为商超改造项目的配套软件。

2）建立图片资源文件夹。在项目中新建文件夹Resources，该文件夹用于存放开发过程中需要使用的图片资源。

3）将配套的图片添加到Resources文件夹中。

4）引用外部类库。从随机U盘中将外部类库ADAM. dll、MyCamer. dll、IPCameraDll. dll、Utils. dll、Srr1100U. dll、Srr110uLib. dl、ZigBee. dll添加到项目中，并将SSUApiDesk. dll放入项目bin目录中。

5）建立样式文件夹。在项目中新建文件夹Styles，该文件夹用于存放开发过程中控件使用的样式。

6）在Styles文件夹中新建资源词典BaseStyle. xaml和CommonStyle. xaml。在这两个资源词典中添加控件样式，代码参考配套资源中的相关文档。

7）在APP. xaml文件中添加BaseStyle. xaml和CommonStyle. xaml的引用。

8）建立控件样式文件夹。在项目中新建文件夹Controls，该文件夹用于存放开发过程中部分控件使用的样式。在Controls文件夹中新建资源词典BulletCheckBox. xaml，在该文件中添加控件样式，代码参考配套资源中的相关文档。

9）建立文件夹Themes，该文件夹用于对BulletCheckBox. xaml文件进行引用绑定。在文件夹中新建资源词典Generic. xaml，在该文件中添加对BulletCheckBox. xaml的引用绑定。

```
<ResourceDictionary.MergedDictionaries>
    <!--目标资源词典位置-->
    <ResourceDictionary Source="pack://application:,,,/Unit8;component/Controls/BulletCheckBox.xaml"/>
</ResourceDictionary.MergedDictionaries>
```

10）在App. config文件中添加对本项目需要使用的设备的串口号、用户名等的设置。

```
<appSettings>
    <!--ADAM4150数字采集器端口-->
    <add key="Adam4150Port" value="COM3"></add>
    <!--ZigBee四通道采取器端口-->
    <add key="InPut4Port" value="COM5"></add>
    <!--LED串口-->
    <add key="LedPort" value="Com3"/>
    <!--超高频桌面发卡器端口-->
    <add key="SrrReaderPort" value="COM2"></add>
    <!--摄像头IP-->
    <add key="CameraIp" value="192.168.14.10:81"/>
    <!--摄像头用户名-->
    <add key="CameraUser" value="admin"/>
    <!--摄像头密码-->
    <add key="CameraPassword" value=""/>
  </appSettings>
```

11）建立帮助类文件夹。在项目中新建文件夹Common，该文件夹用于存放项目中需要使用的帮助类。

12）建立页文件夹。在项目中新建文件夹Views，该文件夹用于存放项目中的所有页。

13）在文件夹Views中新建页PageHome. xaml、PageEnvironment. xaml、PageMonitor. xaml、PageCase. xaml；新建窗体WinPrintPreview. xaml；新建流文档FldShoppingReceipt. xaml。

14）编辑MainWindow. xaml文件界面，实现图7-16所示的效果。

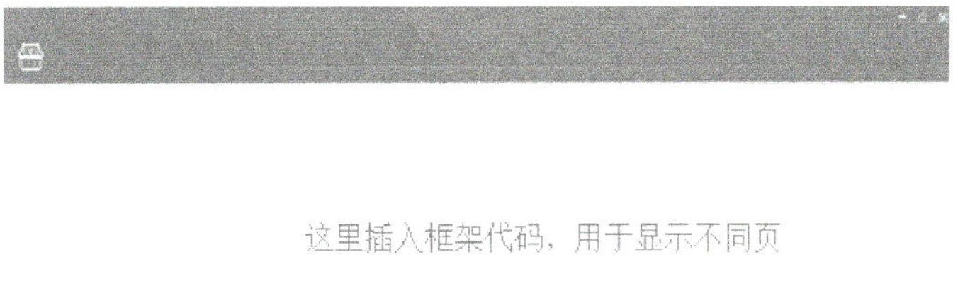

图7-16　MainWindow.xaml界面

15）实现MainWindow. xaml. cs文件功能。注意：私有成员_PageList应做相应更改。

16）编辑PageHome. xaml文件界面，实现图7-1所示的效果。

17）实现PageHome. xaml. cs文件功能。注意：文件名称应做相应更改。

18）编辑PageMonitor. xaml界面，实现图7-4所示的效果。

19）实现PageMonitor. xaml. cs文件功能。

20）编辑PageEnvironment. xaml界面，实现图7-17所示的效果。

图7-17　PageEnvironment.xaml界面

21）实现PageEnvironment. xaml. cs文件功能。

22）编辑FldShoppingReceipt. xaml文件，该文件用于设置小票的打印格式，具体代码参考配套资源中的相关文档实现其功能。

23）编辑PageCase. xaml界面，实现图7-18所示的效果。

24）编辑PageCase. xaml. cs文件构造方法，实现项目停止事件、键盘输入焦点的绑定、控件可视化的设置与DataGrid控件的初始化功能。

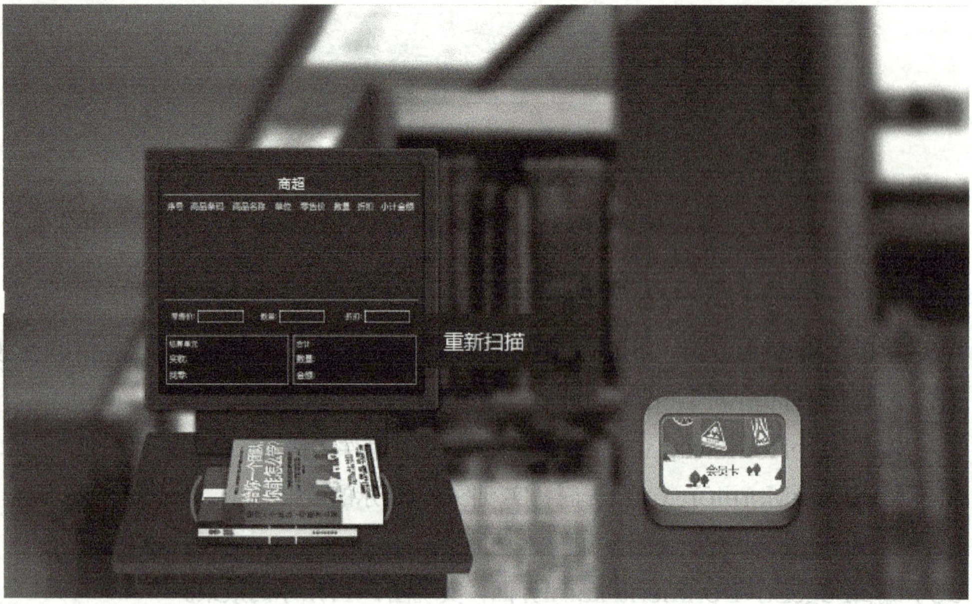

图7–18　PageCase.xaml界面

```
public PageCase()
{
    InitializeComponent();
    //添加事件
    this.Dispatcher.ShutdownStarted += Dispatcher_ShutdownStarted;
    //绑定键盘输入焦点
    this.Dispatcher.BeginInvoke(DispatcherPriority.Background,
        (Action)(() => {
            Keyboard.Focus(this.ScanText);//注释1
        }));
    //设置控件可视化
    this.ImgProduce.Visibility = Visibility.Collapsed;
    this.ImgCode.Visibility = Visibility.Collapsed;
    this.BtnRescan.Visibility = Visibility.Collapsed;
    //DataGrid控件初始化方法
    InitDataGrid();
}
```

在上述代码的“注释1”中，通过为ScanText绑定键盘的输入焦点，实现当键盘输入数据时，自动将数据赋予ScanText控件。类似地，可以使用Keyboard. ClearFocus ()清除对键盘焦点的设置。

25）完成页加载事件Page_Loaded，实现使用超高频读卡器操作类对电子标签进行扫描。根据回调函数ReadCallback，实现当读取到第一条电子标签信息时，停止标签的读取，并显示小票界面的功能。

```
//实例化超高频读卡器操作类
```

```
private SrrReader _Reader = new SrrReader(Config.sSrrReaderPort);
private void Page_Loaded(object sender, RoutedEventArgs e)
{
    this.Dispatcher.BeginInvoke(DispatcherPriority.Background,
        (Action)(() => {
            //连接超高频读卡器
            if (_Reader.ConnDevice() != 0)
            {
                MessageBox.Show("超高频读卡器连接失败!");
                return;
            }
            //开始读取
            _Reader.BeginRead(ReadCallback);
        }));
}
private void ReadCallback(String rfid)
{
    lock (this)//锁定线程
    {
        // 扫描完关闭设备
        _Reader.Pause();
        Application.Current.Dispatcher.Invoke(() => {
            this.ImgCode.Visibility = Visibility.Visible;
            this.BtnRescan.Visibility = Visibility.Visible;
            //实例化窗体
            WinPrintPreview win = new WinPrintPreview("/Views/FldShoppingReceipt.xaml",
this, this.ReadDataToDocument);
            win.ShowDialog();
        });
    }
}
```

26）完成键盘单击事件Page_KeyDown，该事件在条码枪扫描后执行，实现根据商品条码从XML文档中获取对应的商品信息并将商品信息统一保存到一个集合中。

```
private void Page_KeyDown(object sender, System.Windows.Input.KeyEventArgs e)
{
    if (e.Key == System.Windows.Input.Key.Enter)//注释1
    {
        //获取条码
        String code = this.ScanText.Text;
        //清空文本框
        this.ScanText.Text = null;
        //获取商品信息
        Produce pro = ProduceHelper.Instance.GetProduceByCode(code);
        //判断商品是否存在
```

```
            if (pro != null)
            {
                _ProduceListStat.AddProduce(pro);
                this.ImgProduce.Visibility = Visibility.Visible;
                //刷新数据显示
                RefreshUiData();
            }
        }
    }
```

在上述代码的“注释1”中，通过获取键盘输入的键进行判断，当输入键为<Enter>时，获取商品信息。由于扫描枪在读取到条码后将会进行输入操作，操作内容为条码数据+<Enter>，因此可以通过监听<Enter>键来判断是否读取到条码。

27）完成回调方法ReadDataToDocument，实现将商品信息从商品信息集合中读取出来并将商品信息整合成表行格式附加到流文档中，以待打印功能的实现。

```
    private ProduceListStat _ProduceListStat = new ProduceListStat();
    /// <summary>
    /// 读取数据到文档，用于打印
    /// </summary>
    /// <param name="flowDocument">流文档对象</param>
    /// <param name="goods">数据模型VMGoods</param>
    private void ReadDataToDocument(FlowDocument flowDocument, object dataModel)
    {
        //获取TableRowGroup
        TableRowGroup rowGroupHead = flowDocument.FindName( “rowGroupHead” ) as TableRowGroup;
//注释1
        //遍历获取数据
        foreach(ProduceStat item in _ProduceListStat.ProduceStatList)
        {
            TableRow row = new TableRow();
            //商品名称
            TableCell cell = new TableCell(new Paragraph(new Run(item.Name)));
            row.Cells.Add(cell);
            //商品数量
            cell = new TableCell(new Paragraph(new Run(item.Number.ToString())));
            row.Cells.Add(cell);
            //商品单价
            cell = new TableCell(new Paragraph(new Run(item.UnitPrice.ToString("C2"))));
            row.Cells.Add(cell);
            //商品价格
            cell = new TableCell(new Paragraph(new Run(item.SubtotalPrice.ToString("C2"))));
            row.Cells.Add(cell);
            rowGroupHead.Rows.Add(row);
        }
    }
```

在上述代码的“注释1”中，使用流文档对象查找定义的表格，由于返回的类型为object，需要将其转换为需要的类型。as关键字是强制转换中的一种方式，类似的还有在语句前添加（object）进行转换，普通类型还可使用Convert对象进行强制转换。

28）完成Dispatcher_ShutdownStarted事件，该事件实现当项目关闭时断开超高频读卡器的连接，避免计算机资源的浪费。

```
private void Dispatcher_ShutdownStarted(object sender, EventArgs e)
{
    Page_Unloaded(null, null);
}
private void Page_Unloaded(object sender, RoutedEventArgs e)
{
    _Reader.CloseDevice();//关闭连接
}
```

29）完成InitDataGrid方法，实现小票单数据的绑定。

```
/// <summary>
/// 数据集绑定
/// </summary>
private void InitDataGrid()
{
    //绑定小票单
    this.DGProduces.ItemsSource = _ProduceListStat.ProduceStatList;
    this.ColumnOrder.Binding = new System.Windows.Data.Binding("Order");
    this.ColumnCardcode.Binding = new System.Windows.Data.Binding("Cardcode");
    this.ColumnName.Binding = new System.Windows.Data.Binding("Name");
    this.ColumnUnit.Binding = new System.Windows.Data.Binding("Unit");
    this.ColumnUnitPrice.Binding = new System.Windows.Data.Binding("UnitPrice");
    this.ColumnNumber.Binding = new System.Windows.Data.Binding("Number");
    this.ColumnDiscount.Binding = new System.Windows.Data.Binding("Discount");
    this.ColumnSubtotalPrice.Binding = new System.Windows.Data.Binding("SubtotalPrice");
}
```

30）完成“重新扫描”按钮单击事件BtnRescan_Click，实现对控件可视化的设置、清空已读取到的商品信息、刷新数据显示、重新开始读取电子标签并将键盘输入焦点对准指定控件的功能。

```
private void BtnRescan_Click(object sender, RoutedEventArgs e)
{
    lock (this)
    {
        this.ImgProduce.Visibility = Visibility.Collapsed;
        this.ImgCode.Visibility = Visibility.Collapsed;
        this.BtnRescan.Visibility = Visibility.Collapsed;
        //清空读取到的商品信息
        _ProduceListStat.ProduceStatList.Clear();
```

```
        //刷新数据显示
        RefreshUiData();
        //开始读取超高频卡
        _Reader.CancelPause();
        //赋予键盘输入焦点
        Keyboard.Focus(this.ScanText);
    }
}
```

31）完成方法RefreshUiData，该方法用于对已存在的数据进行刷新的功能。

```
/// <summary>
/// 刷新数据显示
/// </summary>
private void RefreshUiData()
{
    this.DGProduces.Items.Refresh();
    this.LabAmountPrice.Content = _ProduceListStat.AmountPrice;
    this.LabNumber1.Content = _ProduceListStat.Number;
    this.LabNumber2.Content = _ProduceListStat.Number;
    this.LabRetailPrice.Content = _ProduceListStat.RetailPrice;
    this.LabDiscount.Content = _ProduceListStat.Discount;
}
```

32）编辑WinPrintPreview. xaml界面，实现图7-19所示的效果。

图7-19　WinPrintPreview.xaml界面

33）完成WinPrintPreview. xaml. cs文件构造方法，实现根据传入流文档的相对地址获取流文档中的数据并载入XPS文档代理的功能。

```
private FlowDocument _CurrFlowDocument;//当前流文档
private delegate void LoadXpsMethod();//载入XPS文档代理
public WinPrintPreview(string flowDocName, object dataModel, Action<FlowDocument, object> readDataAction = null) : this()
{
    Uri uri = new Uri(flowDocName, UriKind.Relative);
    this._CurrFlowDocument = (FlowDocument)App.LoadComponent(uri);
    this._CurrFlowDocument.DataContext = dataModel;
    if (readDataAction != null)
    {
        readDataAction(this._CurrFlowDocument, dataModel);
    }
    //使用异步载入文档，否则绑定属性无效
vthis.Dispatcher.BeginInvoke(
        DispatcherPriority.Background,
         (Action)(() => {
            dcvReceiptPreview.Document = PrintHelper.LoadXps(_CurrFlowDocument);
        })
    );
}
```

34）完成LoadXps方法，使用该方法实现创建基于内存的XPS文档并将FlowDocument对象写入创建的XPS文档对象中的功能。

```
public void LoadXps()
{
    //创建基于内存的XPS文档
    MemoryStream ms = new MemoryStream();
    Package package = Package.Open(ms, FileMode.Create, FileAccess.ReadWrite);
    Uri documentUri = new Uri("pack://InMemoryDocument.xps");
    PackageStore.RemovePackage(documentUri);
    PackageStore.AddPackage(documentUri, package);
    //创建XPS文档对象
     XpsDocument xpsDocument = new XpsDocument(package, CompressionOption.Fast, documentUri.AbsoluteUri);
    //将FlowDocument对象写入xpsDocument对象中
    XpsDocumentWriter writer = XpsDocument.CreateXpsDocumentWriter(xpsDocument);
    writer.Write(((IDocumentPaginatorSource)_CurrFlowDocument).DocumentPaginator);
    //设置dcvReceiptPreview显示的文档为xpsDocument
    dcvReceiptPreview.Document = xpsDocument.GetFixedDocumentSequence();
    xpsDocument.Close();
}
```

35）实现btnClose_Click事件，使用该事件实现WinPrintPreview.xaml界面的关闭。

三、检验与测试

1）启动项目，查看项目是否启动失败。

2）设置火焰、烟雾传感器的信号，查看超市处于危险状态时，系统是否执行应急措施并开启报警灯。

3）测试温度传感器的数据是否能正常读取，并在温度过高时开启空调，温度过低时开启暖气（以排气扇模拟）。

4）测试条码扫描功能，查看通过条码是否正确获得商品信息。

5）测试是否能正确将购物金额输出到LED显示屏。

6）测试打印购物小票设备是否正常打印并能开启闸门（模拟）。

单元小结

本单元通过智能商超改造这一场景，对传统商业场景的智能化改造提出了一个构想。在本单元中使用了自定义控件、框架页等WPF应用程序技术。通过本单元的学习，可以更明显地感觉到WPF应用程序和传统WinForm应用程序开发上的区别所在。

拓展训练

试利用本单元的设备和相关知识完成“智能物流系统”的项目实施。该项目场景为智能物流中心，通过相关系统软件的开发，实现对中心内部物品的管理。项目需求如下。

1）正确安装和部署相关设备。

2）自行定义系统界面，以美观、操作方便、符合用户操作习惯为宜。

3）通过条码对入库、出库的货品进行记录。记录内容有货品条码、名称、数量，操作内容（入库、出库）。

4）通过打印机打印入库、出库货品的清单。

5）对物流中心内部进行烟情、火情的监控，当出现烟情和火情时自动报警。

UNIT 8

单元8

小区智能化改造项目

扫描二维码
观看视频

学习目标

- 掌握继电器的使用方法。
- 掌握巡更棒的使用方法。
- 掌握改造项目的设计原理。
- 掌握项目设备的安装和调试方法。
- 掌握软件开发技术。

单元概述

小区生活是人们生活的主旋律，而如何让小区生活变得更加美好，就需要物业的努力了。通过本单元的学习，在一个小区的物业管理中实现智能化通知业主信息、刷卡门禁、智能照明与定时巡逻管理的功能。

任务1 小区智能化改造项目概览

一、小区智能化改造项目目的

通过小区整体物业项目的改造，学会巡更棒的使用方法，并通过建立工程实现小区的公告通知、刷卡门禁、安防监控、巡逻管理和智能照明功能。

本项目需要实现的功能主要包括以下几个部分。

1）搭建小区整体物业项目的硬件环境。

2）学会巡更棒的使用方法。

3）编写程序实现物业公告的发布和业主的刷卡门禁功能。

4）编写程序实现小区内的安防监控与巡逻管理功能。

5）编写程序实现小区内的路灯智能照明功能。

二、小区智能化改造项目预览

本单元完成后，可以通过使用LED显示屏实现小区公告的发布；通过使用红外对射传感器与高频卡实现业主的刷卡门禁；通过摄像头实现小区的安防监控；通过巡更棒实现小区的巡逻管理；通过光照传感器智能控制路灯的开启与关闭。工程运行效果如图8-1～图8-6所示。

图8-1 小区整体物业项目主页面

图8-2　电子公告界面

图8-3　小区门禁界面

图8-4　安防监控界面

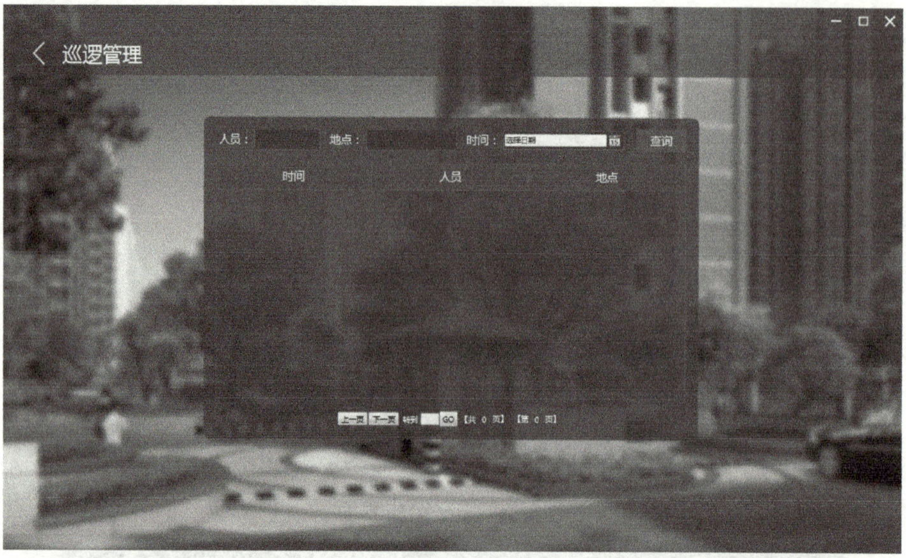

图8-5　巡逻管理界面

图8-6　小区照明界面

任务2　小区智能化改造项目分析

一、小区智能化改造项目描述

本项目采用红外对射传感器、光照传感器、摄像头、报警灯、ADAM 4150数字量采集模块等作为核心设备。本项目将实现的功能如下。

1）电子公告：将要发布的公告推送到LED显示屏。

2）小区门禁：采集红外对射传感器数据，如红外线被遮挡，弹出警报并打开报警灯；反之则读取高频卡中信息，如是业主则打开门禁3s，反之弹出提示。

3）安防监控：使用摄像头对小区实现监控功能。

4）巡逻管理：使用巡更棒记录保安在相应地点的巡逻时间并查看各保安巡逻记录。

5）小区照明：根据光照传感器数据打开或关闭路灯。

本工程系统用例图如图8-7所示。

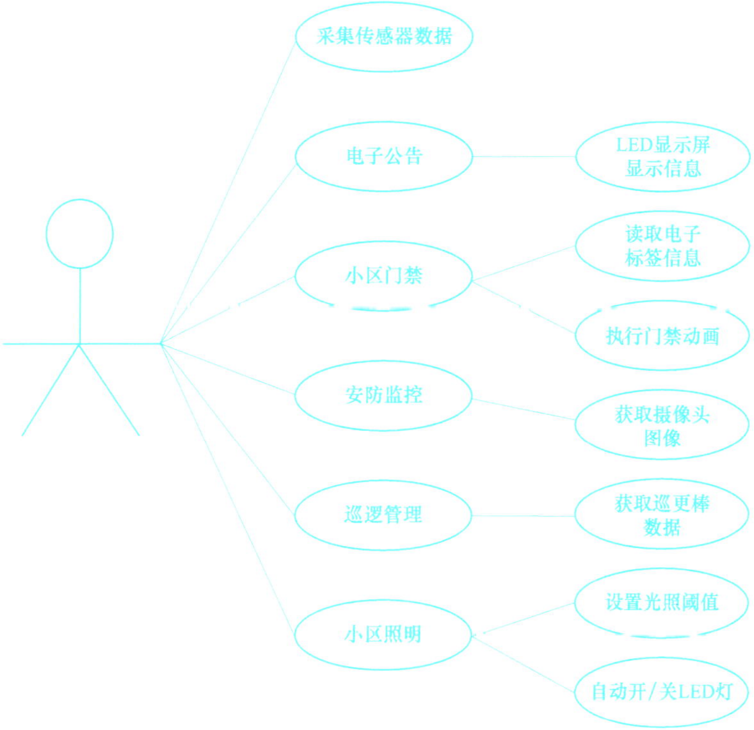

图8-7　小区智能化改造项目系统用例图

二、小区智能化改造项目背景知识

1．巡更棒系列

巡更棒系列分为巡更棒、巡更点、人员牌3种，其实体如图8-8所示。

巡更棒具有以下几个特点。

1）自动感应无需按键，灯光与振动提示读卡成功（振动可单独关闭）。

2）全彩灯光显示机器状态，用户一目了然。

3）九组闹钟设置并有振动与灯光提示，提醒巡更人员定时巡逻（最多可设64次）。

4）USB通信，机器伴有提示灯显示。

5）三万条存储记录空间，掉电数据不丢失，独有存储数据校验功能，理论可存100年。

巡更点（俗称地点卡）是保安在巡更中必不可少的电子巡更系统配件，安放在保安巡更巡检的主要路线上，保安通过巡更棒按照指定的路线依次巡检所有巡更路线上的巡更点，是达到管理保安正常工作的一种考勤检查系统。

人员牌是用来区分人员的，例如，如果两组班次的巡更人员用同一根巡更棒巡逻，那么他们就要用人员牌（钮）来区分，就是说班次1在巡逻前用人员卡（钮）接触或感应一下巡更棒，然后巡更棒就会认定之后的巡逻信息是班次1所有，班次2在巡逻之前需再感应一下人员牌（钮），然后再出去巡逻，以此来区分班次。

使用巡更棒时需要用巡更棒贴近巡更人员牌，当有“嘀”一声并且巡更棒上的蓝灯闪一下时，说明已经采集到信息了。同理，按一定的顺序贴近巡更点，可依次采集各巡更点，然后记住自己的采集顺序，将巡更用USB线连接计算机，对采集到的信息进行命名、记录。下次进行巡更的时候就会记录巡更棒的路径。

图8-8　巡更棒、巡更点和人员牌

2．巡更棒配置

1）安装USB转串口驱动程序。

2）将配套资源对应目录下的Eluxun.ocx和MSCOMM32.OCX这两个文件复制到计算机的System32文件夹中，如图8-9和图8-10所示。

图8-9　巡更棒注册文件

图8-10　巡更棒注册文件复制目标位置

3）用鼠标右键单击Reg文件，在弹出的快捷菜单中选择“以管理员身份运行”命令，如图8-11和图8-12所示。

4）出现图8-13所示的提示，说明部署成功，接入USB就可以直接使用。

5）重新启动计算机确保成功。

6）用数据线将巡更棒连接到计算机USB口上，用鼠标右键单击“我的电脑”或执行“计算机管理”→“设备管理器”命令，查看端口（COM和LPT），如果巡更棒驱动程序安装成功，则可以查看到图8-14所示的效果。

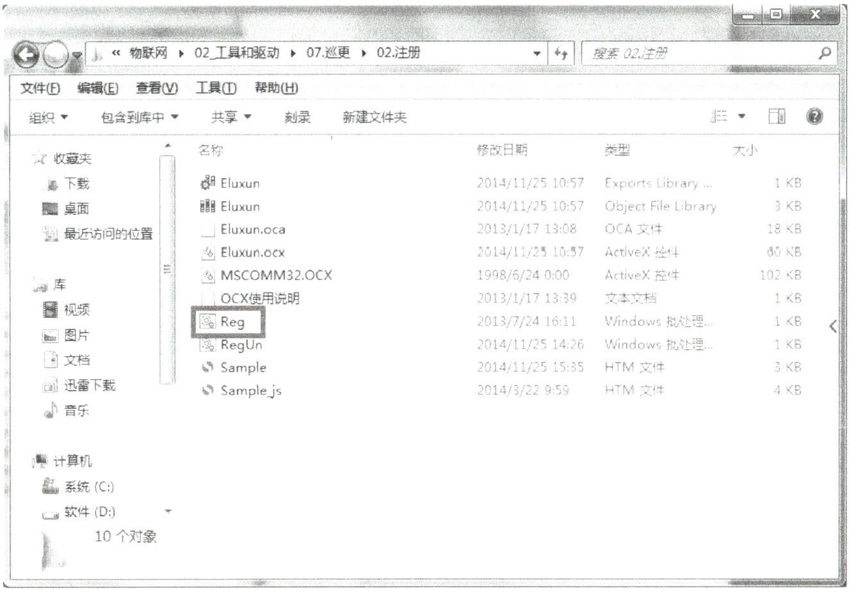

图8-11　巡更棒注册执行文件

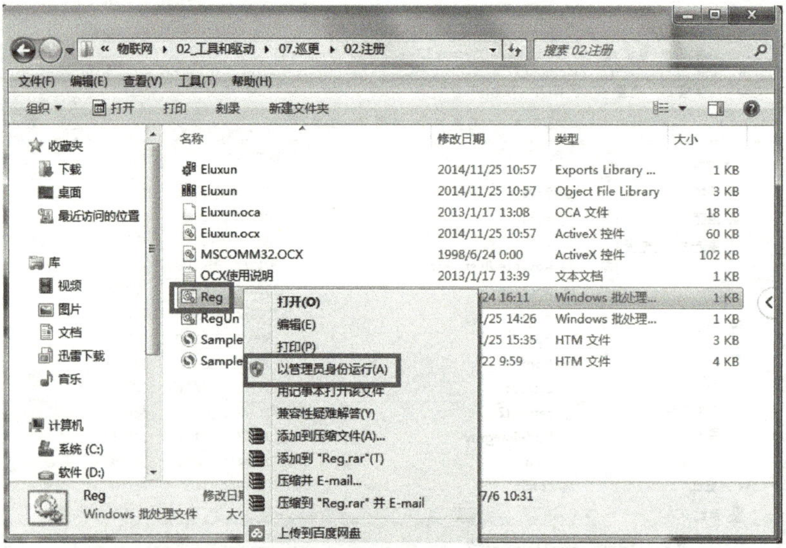

图8-12　以管理员身份执行巡更棒注册执行文件

图8-13　巡更棒注册成功界面

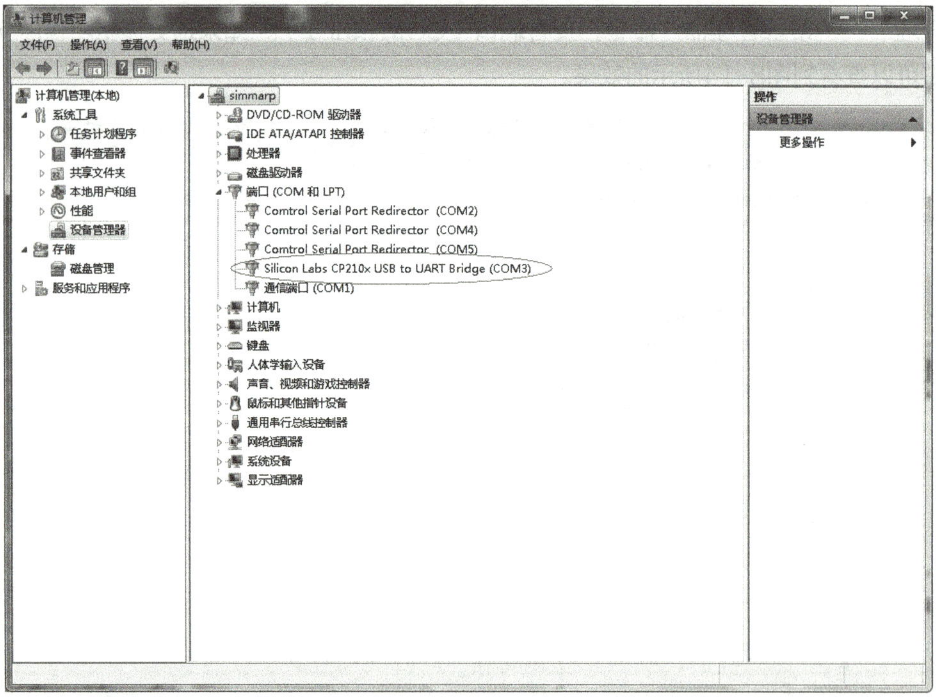

图8-14　巡更棒连接上数据线后在计算机上以虚拟串口方式通信

任务3 小区智能化改造项目实施

一、设备列表

小区整体物业项目硬件设备清单见表8-1。

表8-1 小区整体物业项目设备清单

序号	设备名称	单位	数目
1	LED显示屏	个	1
2	红外对射传感器	个	1
3	报警灯	个	1
4	路灯	个	2
5	继电器	个	3
6	ADAM 4150数字量采集器	个	1
7	RS-232转RS-485的无源转换器	个	1
8	超高频读卡器	个	1
9	RFID卡片	张	若干
10	网络摄像头（设备编码BVCAM00013010）	个	1
11	巡更棒系列	套	1
12	光照传感器	个	1
13	ZigBee四通道采集器	个	1
14	串口服务器	个	1
15	路由器	个	1
16	开发用计算机	台	1
17	网线	根	3

除以上设备外，还需要配备连接线若干与各设备电源适配器。

二、模拟工程项目连线图

小区整体物业项目硬件设备连接图如图8-15所示。

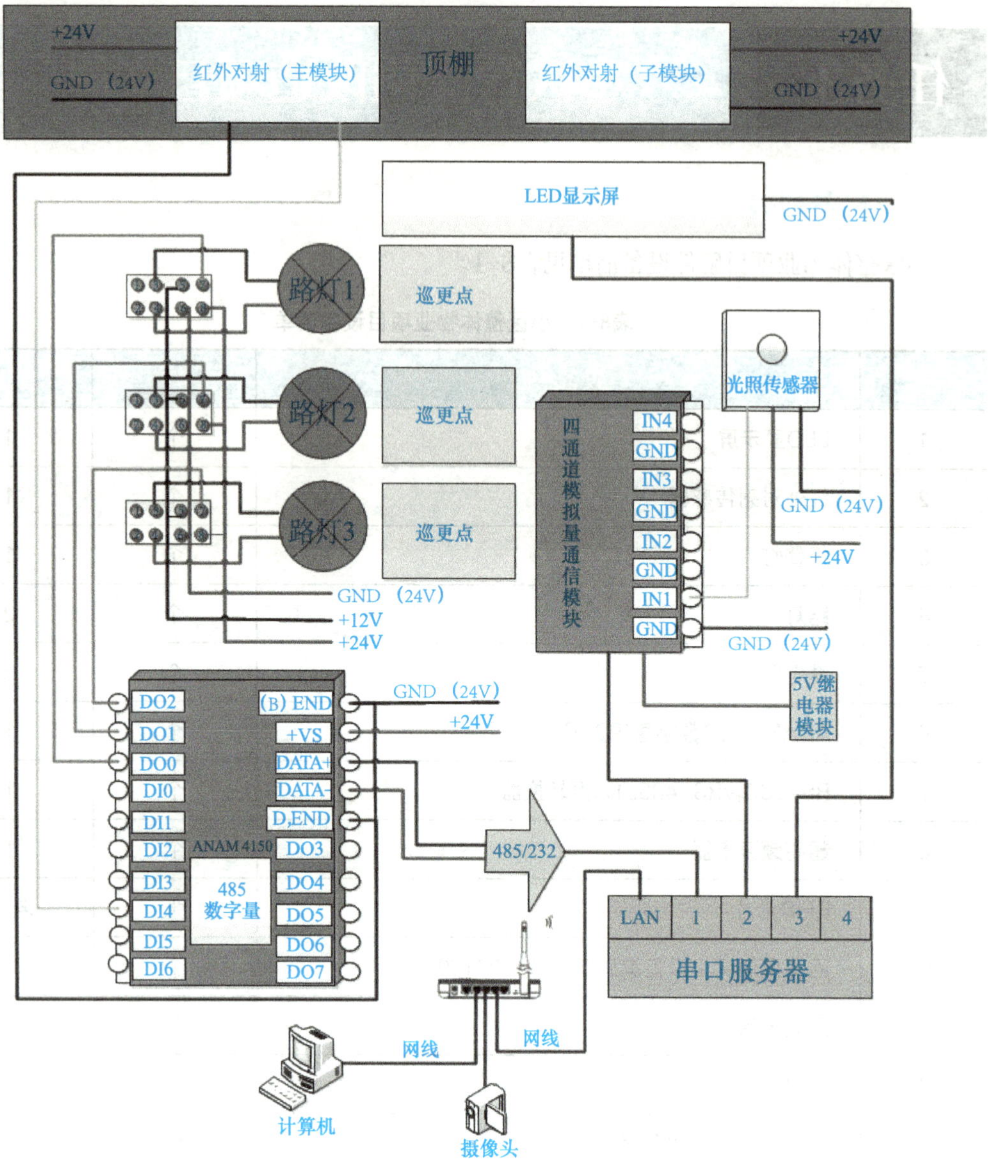

图8-15　小区整体物业项目硬件设备连接图

三、设备安装与布线

1．设备安装的注意事项

目前智能化小区在国内还处于发展阶段，通常来说，对小区内部的安防、人员进出都需要进行监控。在安装设备时，需要注意保证没有死角，特别是摄像头安装位置的选择，尤为重要。通常在小区安防中摄像头都采用明暗结合的安装方式，明处的摄像头更多体现威慑作用。

路灯的安装除了要考虑照明的用途，还要兼顾维修成本和景观美化。该安防工程的安装效果可参考图8-16。

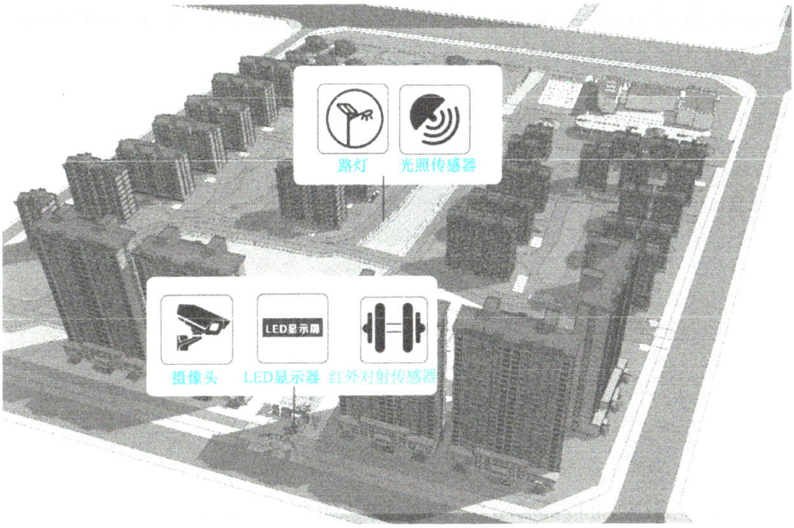

图8-16　设备现场安装效果图

2．模拟工程项目的安装与线路接驳步骤

1）路由器、串口服务器的安装和配置。

2）摄像头、超高频读卡器的安装和配置。

3）LED显示屏、报警灯、路灯的安装和线路连接。

4）ADAM 4150数字量采集器、四通道模拟量通信模块的安装和线路连接。

5）红外对射传感器的安装和线路连接。

6）光照传感器的安装和线路连接。

7）巡更棒及配件的安装和配置。

将巡更点用螺钉安装好后将人员牌放置于桌面上即可完成这两种设备的安装。在计算机中安装巡更棒的驱动程序后将巡更棒相关文件夹中的Eluxun. ocx和MSCOMM32. OCX文件复制到系统System32文件夹中，然后将巡更棒连接到计算机上，看到弹出巡更棒的COM口后，即完成巡更棒的安装。

任务4　小区智能化改造项目配套软件开发

一、背景知识与关键步骤

1．MVC模式

MVC（Model View Controller，模型—视图—控制器）是一种软件设计典范，是用于组织代码的一种业务逻辑和数据显示分离的方法，这种方法的假设前提是业务逻辑被聚集到一个部件里面，而且界面和用户围绕数据的交互能被改进和个性化定制而不需要重新编写业务逻辑，MVC被独特发展起来用于映射传统的输入、处理和输出功能在一个逻辑的图形化用户界面的结构中。MVC模式结构图如图8-17所示。

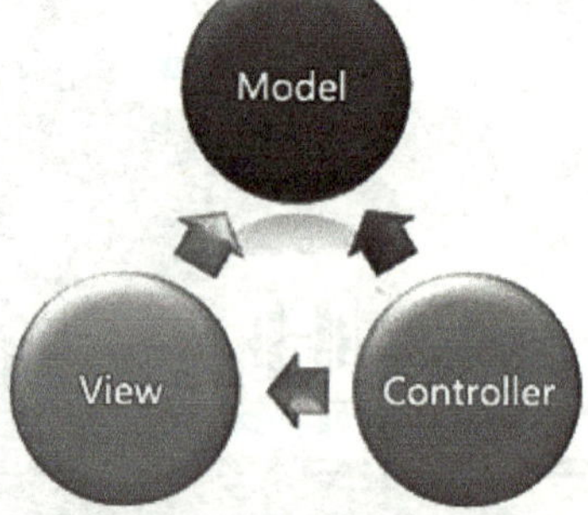

图8-17　MVC模式结构图

MVC开始是存在于桌面程序中的，M指数据模型，V指用户界面，C指控制器，使用MVC的目的是将M和V实现代码分离，从而使同一个程序可以使用不同的表现形式。比如，一批统计数据可以分别用柱状图、饼图来表示。C存在的目的则是确保M和V同步，一旦M改变，则V应该同步更新。

模型—控制器（MVC）是Xerox PARC在20世纪80年代为编程语言Smalltalk—80发明的一种软件设计模式，已被广泛使用，后来被推荐为Oracle旗下Sun公司Java EE平台的设计模式，并且受到越来越多使用ColdFusion和PHP的开发者的欢迎。模型—视图—控制器模式是一个有用的工具箱，它有很多好处，但也有一些缺点。

（1）视图

视图是用户看到并与之交互的界面。对老式的Web应用程序来说，视图就是由HTML元素组成的界面，在新式的Web应用程序中，HTML依旧在视图中扮演着重要的角色，但一些新的技术已层出不穷，包括Adobe Flash和像XHTML、XML/XSL、WML等一些标识语言和Web Services。

MVC的好处是它能为应用程序处理很多不同的视图。在视图中其实没有真正的处理发生，不管这些数据是联机存储的还是一个雇员列表，作为视图来讲，它只是一种作为输出数据并允许用户操纵的方式。

（2）模型

模型表示企业数据和业务规则。在MVC的3个部件中，模型拥有最多的处理任务。例如，它可能用像EJBs和ColdFusion Components这样的构件对象来处理数据库，被模型返回的数据是中立的，就是说模型与数据格式无关，这样一个模型能为多个视图提供数据。由于应用于模型的代码只需写一次就可以被多个视图重用，所以减少了代码的重复性。

（3）控制器

控制器接收用户的输入并调用模型和视图去完成用户的需求，所以当单击Web页面中的超链接和发送HTML表单时，控制器本身不输出任何东西和做任何处理。它只是接收请求并决定调用哪个模型构件去处理请求，然后再确定用哪个视图来显示返回的数据。

2．依赖属性与附加属性

（1）依赖属性

依赖属性就是自己没有值，通过Binding从数据源获得值，就是依赖在别人身上。拥有依赖属性的对象称为依赖对象。使用依赖属性的场景如下。

1）希望可在样式中设置属性。

2）希望属性支持数据绑定。

3）希望可使用动态资源引用设置属性。

4）希望从元素树中的父元素自动继承属性值。

5）希望属性可进行动画处理。

6）希望属性系统在属性系统、环境或用户执行的操作或者读取并使用样式更改了属性以前的值时报告。

7）希望使用已建立的、WPF进程也使用的元数据约定，例如，报告更改属性值时是否要求布局系统重新编写元素的可视化对象。

给控件添加依赖属性需进行如下操作。可以看到，给TextBox的Text属性绑定了一个值，而这个值是暂时未知的。

```
<StackPanel x:Name="stackPanel">
<TextBox x:Name="textBox1" Margin="10"  Text="{Binding Path=Title}"></TextBox>
<TextBox x:Name="textBox2" Margin="10" Text="{Binding Path=Title}"></TextBox>
</StackPanel>
```

在完成上述操作后，需要在后台代码中添加如下代码，以实现对附加属性赋值的操作。

```
public partial class MainWindow : Window
{
    public MainWindow()
    {
        InitializeComponent();
        Game game = new Game { Title = "WarCraft" };
        this.stackPanel.DataContext = game;
    }
}
public class Game:DependencyObject
{
    public string Title
    {
        get { return (string)GetValue(NameProperty); }
        set { SetValue(NameProperty, value); }
    }
    public static readonly DependencyProperty NameProperty =
    DependencyProperty.Register("Title", typeof(string), typeof(Game));
}
```

（2）附加属性

附加属性就是自己没有这个属性，在某些上下文中需要就被附加上去。比如，TextBox的Grid. Row属性。定义TextBox类时定义一个Row属性是没有意义的，因为并不知道它一定会被放在Grid里，这样就造成了浪费。

```
<Grid>
    <Grid.RowDefinitions>
        <RowDefinition Height="2*"></RowDefinition>
        <RowDefinition></RowDefinition>
    </Grid.RowDefinitions>
    <TextBox Grid.Row="0"></TextBox>
    <TextBox Grid.Row="1"></TextBox>
</Grid>
```

实际上在编译后，Grid. Row会在Grid的类里生成SetRow方法，Grid来调整控件的控制。也就是附加属性会生成方法，不会占用内存空间。

```
public class GameAP : DependencyObject
{
    public static int GetName(DependencyObject obj)
    {
        return (int)obj.GetValue(NameProperty);
    }
    public static void SetName(DependencyObject obj, int value)
    {
        obj.SetValue(NameProperty, value);
    }
    public static readonly DependencyProperty NameProperty =
            DependencyProperty.RegisterAttached("Name", typeof(int), typeof(GameAP), new
UIPropertyMetadata(0));
}
```

（3）泛型

泛型是程序设计语言的一种特性，允许在强类型程序设计语言中编写代码时定义一些可变部分，那些部分在使用前必须被指明。各种程序设计语言和其编译器、运行环境对泛型的支持均不一样。将类型参数化以达到代码复用提高软件开发工作效率的一种数据类型。泛型类是引用类型，是堆对象，主要引入了类型参数这个概念。

泛型类的语法为：

```
class class-name<type-param-list>{    }
```

下面的代码是泛型类使用的一个简单示例：

```
class Test<T>
{
    T obj;
    public void Fun(T t)
```

```
        {
            obj = t;
            Console.WriteLine("泛型类的带参数方法:" + t.ToString());
        }

        public void Fun()
        {
            Console.WriteLine("泛型类的无参数方法:" );
        }
    }

    class Program
    {
        static void Main(string[] args)
        {
            Test<Program> t1 = new Test<Program>();
            Test<string> t2 = new Test<string>();
            Test<int> t3 = new Test<int>();
            t1.Fun();
            t2.Fun("Hello");
            t3.Fun(10);
            Console.ReadLine();
        }
    }
```

这段代码输出和对应的结果如图8-18所示。

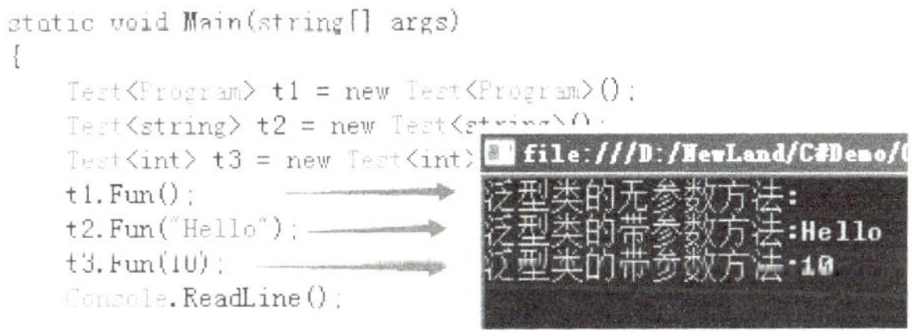

图8-18　泛型结果图

从上面的代码和运行结果可以知道，泛型方法可以定义特定于其执行范围的泛型参数。并且在调用泛型方法时，C#编译器可以基于传入的参数类型来推断出正确的类型，并且它允许完全省略类型规范。

二、项目实现

1）打开VS2012软件，新建WPF应用程序：小区智能化改造项目。该程序为小区智能化改造项目的配套软件。

2）建立图片资源文件夹。在项目中新建文件夹Resources，该文件夹用于存放开发过程中需要使用的图片资源。

3）将配套资源中的图片添加到Resources文件夹中。

4）引用外部类库。将外部类库ADAM. dll、Interop. Eluxun. dll、Interop. IObjectSafetyTLB. dll、ComLibrary. dll、MyCamer. dll、IPCameraDll. dll、Srr110uLib. dll、Srr1100U. dll、ZigBee. dll添加到项目中，并将SSUApiDesk. dll放入项目bin目录中。

5）建立样式文件夹。在项目中新建文件夹Styles，该文件夹用于存放开发过程中控件使用的样式。

6）在Styles文件夹中新建资源词典BaseStyle. xaml和CommonStyle. xaml。在这两个资源词典中添加控件样式，代码参考配套资源中的相关文档。

7）在APP. xaml文件中添加BaseStyle. xaml和CommonStyle. xaml的引用。

8）在App. config文件中添加对本项目需要使用的设备的串口号、用户名等的设置。

```
<appSettings>
    <!--ADAM4150数字采集器端口-->
    <add key="Adam4150Port" value="COM3"></add>
    <!--ZigBee四通道采取器端口-->
    <add key="InPut4Port" value="COM5"></add>
    <!--超高频桌面发卡器端口-->
    <add key="SrrReaderPort" value="COM2"></add>
<!--巡更棒串口-->
    <add key="EluxunPort" value="13"></add>
    <!--摄像头IP-->
    <add key="CameraIp" value="192.168.14.10:81"/>
    <!--摄像头用户名-->
    <add key="CameraUser" value="admin"/>
    <!--摄像头密码-->
    <add key="CameraPassword" value=""/>
  </appSettings>
```

9）建立帮助类文件夹。在项目中新建文件夹Common，该文件夹用于存放项目中需要使用的帮助类。将之前单元中的Config和Global帮助类添加进文件夹。注意：请在Config帮助类中补齐所有设备的串口与IP等的获取。

10）创建帮助类GridHelper，使用该帮助类为其创建附加属性与Boder替换时执行的事件。

```
public static bool GetShowBorder(DependencyObject obj)//注释1
{
    return (bool)obj.GetValue(ShowBorderProperty);
}
public static void SetShowBorder(DependencyObject obj, bool value)
{
    obj.SetValue(ShowBorderProperty, value);
}
```

```
public static readonly DependencyProperty ShowBorderProperty =
    DependencyProperty.RegisterAttached("ShowBorder", typeof(bool), typeof(GridHelper), new
PropertyMetadata(OnShowBorderChanged));
private static void OnShowBorderChanged(DependencyObject d, DependencyPropertyChange
dEventArgs e)
{
    var grid = d as Grid;
    if ((bool)e.OldValue)
    {
        grid.Loaded -= (s, arg) => { };
    }
    if ((bool)e.NewValue)
    {
        grid.Loaded += (s, arg) => {
        //确定行和列数
        var rows = grid.RowDefinitions.Count;
        var columns = grid.ColumnDefinitions.Count;
        //每个格子添加一个Border进去
        for (int i = 0; i < rows; i++)
        {
            for (int j = 0; j < columns; j++)
            {
                var border = new Border() { BorderBrush = new SolidColorBrush(Colors.Gray),
BorderThickness = new Thickness(1) };
                Grid.SetRow(border, i);
                Grid.SetColumn(border, j);
                grid.Children.Add(border);
            }
        }});
    }
}
```

在上述代码的“注释1”中，使用propa快捷键生成了附加属性作为之后需要使用的Border控件更换事件。

11）创建ResourcesHelper帮助类，该类用于获取文件路径与资源。

12）设置ResourcesHelper帮助类为单例对象。

13）实现下列方法，实现资源路径的获取、资源Uri的获取与根据Uri生成的Bitmap文件的获取。

```
//程序集名称
public string AssemblyName { get; set; }
/// <summary>
/// 获取资源文件路径
/// </summary>
```

```
/// <param name="relativePath">相对路径</param>
/// <returns></returns>
public string GetResourcePath(string relativePath)
{
    return string.Format(@"pack://application:,,,/{0};component/{1}", this.AssemblyName, relativePath);
}
/// <summary>
/// 获取资源文件Uri
/// </summary>
/// <param name="relativePath">相对路径</param>
/// <returns></returns>
public Uri GetResourceUri(string relativePath)
{
    this.AssemblyName = Assembly.GetCallingAssembly().GetName().Name;
    return new Uri(this.GetResourcePath(relativePath));
}
/// <summary>
/// 获取图片资源文件对象
/// </summary>
/// <param name="relativePath">相对路径</param>
/// <returns></returns>
public BitmapImage GetImageResource(string relativePath)
{
    this.AssemblyName = Assembly.GetCallingAssembly().GetName().Name;
    return new BitmapImage(new Uri(this.GetResourcePath(relativePath)));
}
```

14）创建TmrAnimation帮助类，该类实现使用定时器将一组图片转换成动画的功能。

15）编辑TmrAnimation帮助类构造函数，设置动画的播放类型与动画的切换时间并将实现动画需要使用的图片附加到图片集合中。

```
//动画图片列表
private List<BitmapImage> _ImgAnimationList = null;
private List<BitmapImage> ImgAnimationList
{
    get
    {
        if (_ImgAnimationList == null)
        {
            _ImgAnimationList = new List<BitmapImage>();
        }

        return _ImgAnimationList;
    }
```

```
}
//是否一直播放
private bool _IsForever = false;
//动画切换时间
private double _Duration;
public TmrAnimation(double duration, bool isForever, params BitmapImage[] list)
{
    _Duration = duration;
    _IsForever = isForever;
    ImgAnimationList.AddRange(list);//将参数置于List列表尾部
}
```

16）定义IndexAnimation、Img和Tmr的属性，实现动画播放索引与定时器的定义。

```
//动画播放索引
private int _IndexAnimation = 0;
private int IndexAnimation
{
    get { return _IndexAnimation; }
    set
    {
        if (_IndexAnimation != value)
        {
            _IndexAnimation = value;
            if (OnImageChanged != null)
            {
                OnImageChanged.Invoke();
            }
        }
    }
}
//动画定时器
private DispatcherTimer _Tmr = null;
private DispatcherTimer Tmr
{
    get
    {
        if (_Tmr == null)
        {
            _Tmr = new DispatcherTimer();
            _Tmr.Interval = TimeSpan.FromSeconds(_Duration);
            _Tmr.Tick += _TmrFanAnimation_Tick;
        }
        return _Tmr;
    }
```

```
}
//图片
public BitmapImage Img
{
    get
    {
        if (this.IndexAnimation <= this.ImgAnimationList.Count - 1)
            return this.ImgAnimationList[this.IndexAnimation];
        else
            return null;
    }
}
```

17）编辑定时器执行事件_TmrFanAnimation_Tick，根据当前图片播放索引，切换图片实现动画效果。

```
private void _TmrFanAnimation_Tick(object sender, EventArgs e)
{
    //判断图片在图片列表中的位置
    if (this.IndexAnimation < this.ImgAnimationList.Count - 1)
    {
        this.IndexAnimation += 1;
    }
    else
    {
        this.IndexAnimation = 0;//将图片置0
        if (!this._IsForever)
            _Tmr.Stop();
    }
}
```

18）完成下列方法，实现定时器的开启与关闭功能，使用户通过使用图片切换委托实现动画的功能。

```
//动画切换委托
public delegate void DgOnImageChanged();
public event DgOnImageChanged OnImageChanged;
public void Start()
{
    Tmr.Start();
}
public void Stop()
{
    Tmr.Stop();
    this.IndexAnimation = 0;
}
```

19）建立模型类文件夹。在项目中新建文件夹Models，该文件夹用于存放项目中需要使用的模型类。将之前单元中的DeviceHelper和SetParams类文件添加进文件夹。注意：请根据硬件设备补充完善DeviceHelper类文件。

20）创建模型类PageData，该类用于存放页文件的标题与路径。其具体属性见表8-2。

表8-2　PageData类

属性名称	作用说明
public String PageText	页文件标题
public String PagePath	页文件路径
public Boolean IsReturn	是否可返回

21）创建模型类PatrolRecord，该类用于存放巡更记录。其具体属性见表8-3。

表8-3　PatrolRecord类

属性名称	作用说明
public String RecordeTime	记录时间
public String Person	人员
public String Place	地点

22）建立视图页文件夹。在项目中新建文件夹Views，该文件夹用于存放项目中需要使用的视图页。

23）在文件夹中创建页文件PageBulletin. xaml、PageGate. xaml、PageHome. xaml、PageLamp. xaml、PagcMonitor. xaml、PagePatrol. xaml。

24）建立执行器类文件夹。在项目中新建文件夹Controller，该文件夹用于存放项目中需要使用的执行器类。

25）创建执行器类BulletinController，该类为电子公告页的执行器，用于实现像LED显示屏推送文本的功能。

```
public BulletinController(PageBulletin form)
{
    this._View = form;
}
public PageBulletin _View;
public PageBulletin View
{
    get { return _View; }
}
public Boolean SendMessage(String msg)
{
    LEDPlayer player = new LEDPlayer(Config.sLedPort);//实例化LED操作类
```

```
        return player.DisplayText(msg);//发送数据到LED
}
```

26）创建执行器类GateController，该类是小区门禁的执行器，使用该类实现小区的门禁功能与门禁的动画功能。

27）编辑构造函数，实现图片更换事件与超高频卡的读取功能。

```
private PageGate _View;
public GateController(PageGate form)
{
    this._View = form;
    //图片更换事件
    this._GateAnimation.OnImageChanged += _GateAnimation_OnImageChanged;
    this._View.Dispatcher.BeginInvoke(DispatcherPriority.Background,
        (Action)(() => {
            BeginRead();//读取超高频卡
        }));
  DeviceHelper. Instance. IsReadCard=false;
}
```

28）实例化门禁动画对象，将门禁动画需要使用到的图片给门禁动画对象，并将动画实现过程中的图片赋予控件以实现动画效果。

```
//实例化门禁动画对象
private TmrAnimation _GateAnimation = new TmrAnimation(1,false,ResourcesHelper.Instance.GetImageResource("Resources/gate/pic_gate_off.png"),ResourcesHelper.Instance.GetImageResource("Resources/gate/pic_gate_on_1.png"),ResourcesHelper.Instance.GetImageResource("Resources/gate/pic_gate_on_2.png"),ResourcesHelper.Instance.GetImageResource("Resources/gate/pic_gate_on_3.png"),ResourcesHelper.Instance.GetImageResource("Resources/gate/pic_gate_on_4.png")
);
private void _GateAnimation_OnImageChanged()
{
    this._View.ImgGate.Source = _GateAnimation.Img;
}
```

29）使用超高频读卡器操作类实现门禁功能，当读取到电子标签时，执行门禁动画。

```
private SrrReader _Reader = new SrrReader(Config.sUHFPort);
private void BeginRead()
{
    if (_Reader.ConnDevice() != 0)
    {
        MessageBox.Show("UHF设备连接失败！");
        return;
    }
    _Reader.Read(ReadCallback);
}
```

```
private void ReadCallback(String rfid)
{
    Application.Current.Dispatcher.BeginInvoke(DispatcherPriority.Background,
        (Action)(() => {
            _GateAnimation.Start();//执行门禁动画
            this._View.Notice.Visibility = Visibility.Visible;
        }));
}
```

30）创建执行器类LampController，该类是小区照明的执行器，使用该类实现判断光照阈值是否正确并保存正确的光照阈值以实现小区照明功能。

```
private PageLamp _View;
public LampController(PageLamp pgae)
{
    this._View = pgae;
    this._View.TxtLightLimit1.Text = DeviceHelper.Instance.SetParams.LightLimit1.ToString();
    this._View.TxtLightLimit2.Text = DeviceHelper.Instance.SetParams.LightLimit2.ToString();
}
public String Save(String strLimit1, String strLimit2)
{
    if (String.IsNullOrEmpty(strLimit1) || String.IsNullOrEmpty(strLimit2))
        return "输入为空！";
    Double lightLimit1, lightLimit2;
    if (!Double.TryParse(strLimit1, out lightLimit1) || !Double.TryParse(strLimit2, out
lightLimit2))
        return "请输入数字！";
    if (lightLimit1 < lightLimit2)
        return "第一档不能小于第二档！";
    DeviceHelper.Instance.SetParams.LightLimit1 = lightLimit1;//保存设定档值
    DeviceHelper.Instance.SetParams.LightLimit2 = lightLimit2;
    rcturn "保存成功";
}
```

31）建立执行器类PatrolController，该类是巡逻管理的执行器，通过巡更棒串口对巡更棒内的数据进行读取。

```
private PagePatrol _View;
//实例化巡更棒操作类
private Eluxun.SOLID sld = new Eluxun.SOLID();
public PatrolController(PagePatrol page)
{
    this._View = page;
    sld.CommPort = Config.sEluxunPort;//设置巡更棒串口
}
//搜索方法
```

```
public List<PatrolRecord> Search(string person, string address, DateTime? time)
{
    //巡更记录泛型类
    List<PatrolRecord> records = new List<PatrolRecord>();
    //获取记录数量
    Int32 Count = sld.ReadDivceRecordWeb();
    String year = String.Empty, mon = String.Empty, day = String.Empty;
    String placeNo = String.Empty;
    for (Int32 i = 0; i < Count; i++)
    {
        //更加记录数获取记录时间
        String readDate = sld.ReadDateWeb(i);
        //记录时间
        String date = readDate.Substring(4, 10);
        //巡更牌ID
        placeNo = readDate.Substring(14, 8);
        if (!String.IsNullOrEmpty(address) && (placeNo.Equals(address)))
            continue;
        PatrolRecord rec = new PatrolRecord() {
            RecordeTime = date,
      Person = "00072040",//注释1
            Place = placeNo
        };
        records.Add(rec);
    }
    return records;
}
```

在上述代码的“注释1”中，由于实际上使用巡更棒读取到的人员牌与地点牌都只是其低频卡的ID，因此巡更棒内只会记录时间与其ID，而不会分清其是人员牌还是地点牌，这里将人员牌信息使用模拟功能实现。

32）建立执行器类MainController，该类是项目主页面的执行器，使用之前单元中主页面的页面跳转与设备数据读取功能填充完善该执行器。

33）建立执行器类MonitorController，该类是安防监控的执行器，使用之前单元中安防监控页面的摄像头图像获取功能填充完善该执行器。

34）编辑MainWindow. xaml文件界面，实现图8-19所示的效果。

图8-19　MainWindow.xaml界面

35）完成MianWindow. xaml. cs文件功能，在文件中添加程序停止、标题栏双击、窗体移动、最大化、最小化、返回按钮功能。

36）编辑PageHoem.xaml文件界面，实现图8-1所示的效果。

37）完成PageHome.xaml.cs文件功能，在该文件调用界面跳转回调函数实现界面的跳转功能。

38）编辑PageBulletin.xaml文件界面，实现图8-20所示的效果。

图8-20　PageBulletin.xaml界面

39）完成PageBulletin.xaml.cs文件功能，编辑构造函数实现使用对应执行器播放电子公告的内容。

```
private BulletinController _Controller;
//公告内容
private String _Notice = String.Empty;
public String Notice
{
    get { return _Notice; }
    set
    {
        if (!_Notice.Equals(value))
        {
            _Notice = value;
            this.TxtBulletin.Text = value;
        }
    }
}
public PageBulletin()
{
    InitializeComponent();
    EditPanel.Visibility = Visibility.Collapsed;
    //初始化公告内容
    Notice = "广大业主：禁止燃放烟花爆竹，切勿水边嬉戏！";
    _Controller = new BulletinController(this);
```

```
}
```

40）完成EditBox_IsVisibleChanged与TxtBulletin_MouseDown事件，实现当用户单击TxtBulletin后弹出发送公告的文本框并设置文本框文本的功能。

```
private void EditBox_IsVisibleChanged(object sender, DependencyPropertyChangedEventArgs e)
{
    if (this.EditBox.Visibility == Visibility.Visible)
        this.EditBox.Text = Notice;
    }
private void TxtBulletin_MouseDown(object sender, System.Windows.Input.MouseButtonEventArgs e)
{
    this.EditPanel.Visibility = (this.EditPanel.Visibility == Visibility.Visible ? Visibility.Collapsed : Visibility.Visible);
}
```

41）完成保存、发送按钮的单击事件，实现对文本框中的内容进行保存与发送电子公告的功能。

```
private void Viewbox_Click(object sender, RoutedEventArgs e)
{
    if (e.Source.Equals(this.BtnSave))
        Notice = this.EditBox.Text;
    else if (e.Source.Equals(this.BtnSend))
    {
        if (_Controller.SendMessage(this.EditBox.Text))
            Notice = this.EditBox.Text;
        else
            MessageBox.Show("发送失败，请检查电子屏连接！");
    }
    else if (e.Source.Equals(this.BtnCancel))
        this.EditPanel.Visibility = Visibility.Collapsed;
}
```

42）编辑PageGate.xaml文件界面，实现图8-21所示的效果。

图8-21 PageGate.xaml界面

43）完成PageGate. xaml. cs文件功能，调用对应的执行器实现门禁刷卡功能，当项目停止时，实现资源释放功能。

```
private GateController _Controller;
public PageGate()
{
    InitializeComponent();
    this.Notice.Visibility = Visibility.Collapsed;
    _Controller = new GateController(this);
    this.Dispatcher.ShutdownStarted += Dispatcher_ShutdownStarted;
}
private void Dispatcher_ShutdownStarted(object sender, EventArgs e)
{
    Page_Unloaded(null, null);
}
private void Page_Unloaded(object sender, RoutedEventArgs e)
{
    _Controller.Dispose();
}
```

44）编辑PageLamp. xaml界面，实现图8-22所示的效果。

图8-22　PageLamp.xaml界面

45）完成PageLamp. xaml. cs文件功能，调用对应的执行器实现对光照阈值的自定义设置功能。

```
private LampController _Controller;
public PageLamp()
{
```

```
        InitializeComponent();
        _Controller = new LampController(this);
    }
    private void Button_Save_Click(object sender, RoutedEventArgs e)
    {
        //保存设置信息
        String ret = _Controller.Save(this.TxtLightLimit1.Text, this.TxtLightLimit2.Text);
        MessageBox.Show(ret);
    }
```

46）编辑PageMonitor.xaml界面，实现图8-23所示的效果。

图8-23 PageMonitor.xaml界面

47）完成PageMonitor.xaml.cs文件功能，调用对应的执行器实现摄像头的打开功能，当项目停止时，实现资源释放功能。

```
private MonitorController _Controller;
public PageMonitor()
{
    InitializeComponent();
    _Controller = new MonitorController(this);
    this.Dispatcher.ShutdownStarted += Dispatcher_ShutdownStarted;
}
private void Dispatcher_ShutdownStarted(object sender, EventArgs e)
{
    Page_Unloaded(null, null);
}
private void Page_Unloaded(object sender, System.Windows.RoutedEventArgs e)
{
    _Controller.Dispose();
}
```

48）编辑PagePatrol.xaml界面，实现图8-24所示的效果。

图8-24　PagePatrol.xaml界面

49）完成PagePatrol. xaml. cs文件功能，调用执行器类实现巡更记录的查询。

50）编辑构造函数，调用对应的执行器获取巡更棒数据，调用方法实现对DataGrid控件的初始化功能。

```
private PatrolController _Controller;
public PagePatrol()
{
    InitializeComponent();
    _Controller = new PatrolController(this);
    InitDataGrid();
}
```

51）完成InitDataGrid方法，将读取到的巡更棒信息绑定到DataGrid控件上。

```
private List<PatrolRecord> _PageRecordList = new List<PatrolRecord>();
//数据集绑定
private void InitDataGrid()
{
    //读取巡更棒信息并绑定
    this.DGRecord.ItemsSource = _PageRecordList;
    this.ColumnTime.Binding = new System.Windows.Data.Binding("RecordeTime");
    this.ColumnPerson.Binding = new System.Windows.Data.Binding("Person");
    this.ColumnPalce.Binding = new System.Windows.Data.Binding("Place");
    this.lblPageTotal.Content = 0;
    this.lblCurrentPage.Content = 0;
}
```

52）完成“查询”按钮的单击事件，实现根据输入的查找指标查找对应的巡更数据并刷新DataGrid数据显示、显示正确数据的功能。

```
private List<PatrolRecord> _RecordList = new List<PatrolRecord>();
```

```
private Int32 _PageSize = 8;
private void BtnSearch_Click(object sender, System.Windows.RoutedEventArgs e)
{
    //清空之前读取到的巡更棒数据
    _PageRecordList.Clear();
    //根据输入内容进行搜索
     _RecordList = _Controller.Search(this.TxtPerson.Text, this.TxtAddress.Text, this.
SearchTime.SelectedDate);
    if (_RecordList.Count == 0)
    {
        this.lblPageTotal.Content = 0;
        this.lblCurrentPage.Content = 0;
    }
    else
    {
        this.lblPageTotal.Content = (Int32)Math.Ceiling(_RecordList.Count * 1.0f / _PageSize);
        this.lblCurrentPage.Content = 1;
        for (Int32 i = 0; i < _PageSize; i++)
        {
            if (_RecordList[i] != null)
                _PageRecordList.Add(_RecordList[i]);
            else
                break;
        }
    }
    this.DGRecord.Items.Refresh();}
```

53）完成“上一页”按钮的单击事件，实现对DataGrid控件的翻页功能。

```
private void btnUpPage_Click(object sender, System.Windows.RoutedEventArgs e)
{
    Int32 num = Convert.ToInt32( this.lblCurrentPage.Content);
    Int32 total = Convert.ToInt32(this.lblPageTotal.Content);
    num--;
    if (num < 1)
        return;
    //刷新数据
    RefreshDGRecord(num);
}
```

54）根据“上一页”按钮的单击事件实现方式，完成“下一页”的单击事件。

55）完成“跳转”按钮的单击事件，实现对指定页的跳转。

```
//跳转
private void btnPageGo_Click(object sender, System.Windows.RoutedEventArgs e)
{
    //最大页数
    Int32 total = Convert.ToInt32(this.lblPageTotal.Content);
```

```
    String pageNumStr = this.txtPageNum.Text;
    if (String.IsNullOrEmpty(pageNumStr))
        return;
    Int32 pageNum;
    if (!Int32.TryParse(pageNumStr, out pageNum))
        return;
    //判断跳转页数是否符合规则
    if ((pageNum < 1) || (pageNum > total))
        return;
    //刷新界面显示数据
    RefreshDGRecord(pageNum);
}
```

56）完成RefreshDGRecord方法，实现对数据的刷新。

```
//刷新数据
private void RefreshDGRecord(Int32 num)
{
    this.lblCurrentPage.Content = num;
    _PageRecordList.Clear();
    for (Int32 i = 0; i < _PageSize; i++)
    {
        Int32 temp = i + (num - 1) * _PageSize;
        if (temp > _RecordList.Count - 1)
            break;

        _PageRecordList.Add(_RecordList[temp]);
    }
    this.DGRecord.Items.Refresh();
}
```

三、检验与测试

1）查看电子公告功能是否正常，能将要发布的公告发送到LED显示屏。

2）检验小区门禁功能。测试采集红外对射传感器数据，如红外线被遮挡是否能弹出警报并打开报警灯；反之则读取高频卡中的信息，如是业主则打开门禁3s，反之弹出提示。

3）检验安防监控功能。测试摄像头是否可以正确使用。

4）检验巡逻管理功能。测试使用巡更棒记录员工在相应地点的巡逻时间，并查看各员工巡逻记录是否正确。

5）检验小区照明功能。测试是否可以根据光照传感器数据打开或关闭路灯。

单元小结

本单元对巡更设备的使用进行了介绍，并通过模拟场景的开发对MVC的开发架构进行了说明。该开发模式是软件开发中常用的模式之一，物联网工程项目通常要求对不同场景有更多的适应性，因此掌握好这种开发模式是比较重要的。

拓展训练

试利用本单元的设备和相关知识完成“博物馆智能安防”的项目实施。该项目场景为某博物馆，通过相关系统软件的开发，实现对博物馆安防情况的监控与管理。项目需求如下。

1）正确安装和部署相关设备。

2）自行定义系统界面，以美观、操作方便、符合用户操作习惯为宜。

3）在博物馆内分布巡视点，记录巡逻数据。

4）在博物馆窗户、通风口等位置部署相关设备，实现防止不法分子入侵的功能。

5）利用超高频读卡器和RFID卡实现人员的进出管理。

UNIT 9

单元9

化工厂智能安防系统

学习目标

- 理解个域网的概念。
- 掌握改造系统的设计原理。
- 掌握系统设备的安装和调试方法。
- 掌握软件开发技术。

单元概述

在工业的发展进程中，化工厂是必不可少的一环，然而化工厂也是对生态环境造成严重破坏的罪魁祸首。因此，对化工厂中的有毒废气进行排除就显得尤为重要了。本单元通过对空气质量的监测，实现及时排除有毒废气的功能。

任务1　化工厂智能安防系统概览

一、化工厂智能安防系统目的

通过化工厂安防监控的实现，理解个域网的概念，并通过建立工程实现化工厂内的门禁系统与厂内的环境监控和报警功能。本单元需要实现的功能主要包括以下几个部分。

1）搭建化工厂安防监控的硬件环境。

2）理解个域网的概念。

3）编写程序实现化工厂的门禁系统。

4）编写程序实现对厂内的环境监控和报警功能。

二、化工厂智能安防系统预览

本单元完成后，读者将通过使用红外对射传感器与高频读卡器搭建一个简易的刷卡门禁功能并通过读取烟雾、火焰、空气质量传感器的数据达到监测厂内环境安全的功能。工程运行效果如图9-1～图9-3所示。

图9-1　化工厂安防监控主界面

图9-2　安防监控效果图

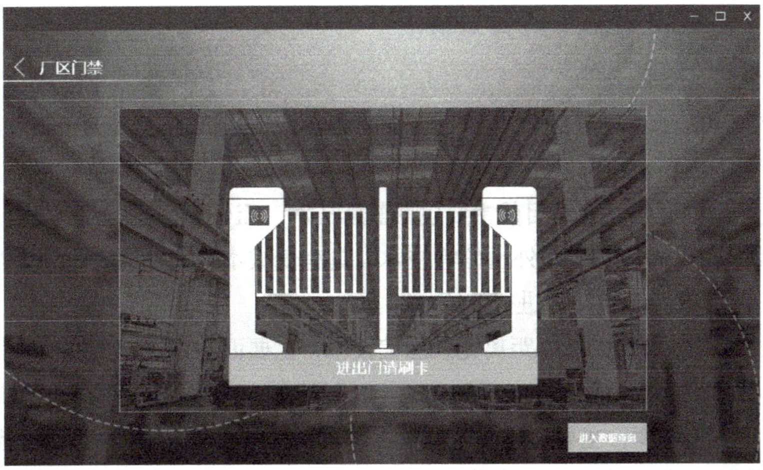

图9-3　厂区门禁效果图

任务2　化工厂智能安防系统分析

一、化工厂智能安防系统描述

本系统采用红外对射传感器、火焰传感器、烟雾传感器、摄像头、报警灯、ADAM 4150数字量采集模块等作为核心设备。本单元将实现的功能如下。

1）未刷卡触发红外对射传感器弹出入侵警报，刷卡识别后开启闸门3s。

2）对出入数据进行查询。

3）读取烟雾、火焰、空气质量传感器数据，当环境安全出现异常时，弹出警报并打开报警灯。

4）使用摄像头实现对厂内的实时监控功能。

本工程系统用例图如图9-4所示。

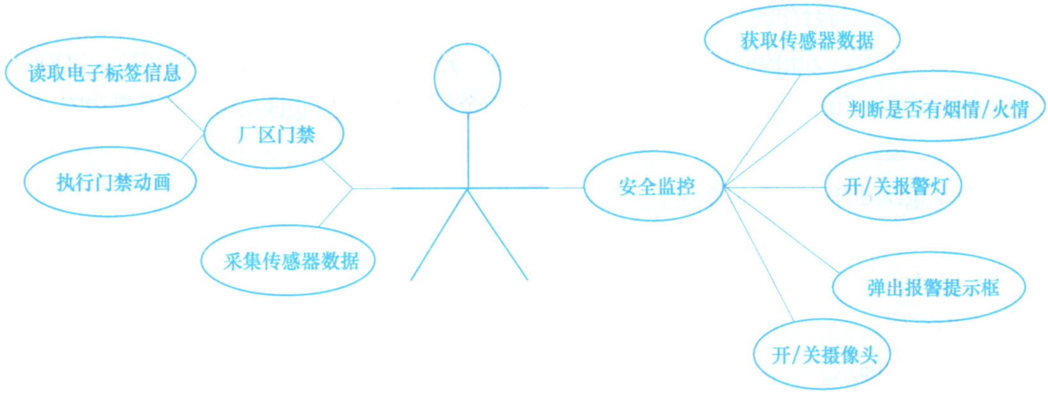

图9-4　化工厂智能安防监控系统用例图

二、化工厂智能安防系统背景描述

1．无线个域网技术

无线个域网（Wireless Personal Area Network，WPAN）是为了实现活动半径小、业务类型丰富、面向特定群体、无线无缝连接而提出的新兴无线通信网络技术。无线个域网主要解决最后几十米的通信问题，目前主要包括蓝牙技术、ZigBee技术、UWB技术、Z-wave技术、NFC（近距离通信）和红外通信等技术，具有低成本、低功耗、通信距离短等特点。本任务将重点对ZigBee网络技术进行介绍。

ZigBee技术是一种新兴的短距离无线通信技术，主要面向低速率无线个人区域网（Low Rate Wireless Personal Area Network，LRWPAN），其典型特征是近距离、低功耗、低成本、低传输速率，主要适用于工业监控、远程控制、传感器网络、家庭监控、安全系统和玩具等领域，目的是满足小型廉价设备的无线联网和控制。ZigBee技术采用3种频段：2.4GHz 、868MHz和915MHz。2.4GHz频段是全球通用频段，868MHz和915MHz则是用于美国和欧洲的ISM频段，这两个频段的引入避免了2.4GHz附近各种无线通信设备的相互干扰。

（1）ZigBee与IEEE 802.17.4协议

ZigBee和IEEE 802.17.4并不是同一种协议。IEEE 802.17.4是IEEE无线个人区域网（Personal Area Network，PAN）工作组的一项标准，被称作IEEE 802.17.4技术标准，IEEE仅处理低级MAC层和物理层协议。ZigBee联盟在IEEE 802.17.4的基础上，对其网络层协议和API进行了标准化。另外，ZigBee联盟还开发了安全层，以保证使用ZigBee协议标准的物联网设备不会意外泄漏其标识，而且这种利用网络的远距离传输的信息不会被其他节点获得。

ZigBee联盟成立于2001年8月，2002年下半年得以扩大，英国Invensys公司、日本三菱电气公司、美国摩托罗拉公司以及荷兰飞利浦半导体公司四大巨头共同宣布加入“ZigBee联盟”，研发名为“ZigBee”的下一代无线通信标准。目前ZigBee联盟全球约有400多家成员，包括国际著名半导体生产商、技术提供者、代工生产商以及最终使用者，其总营业额突破1万亿美元。2011年6月，ZigBee联盟分别在北京和无锡设立了办事处，作为在中国开展物联网产业技术交流与合作的平台。

截至目前为止，ZigBee共公布了3个协议标准，分别为ZigBee 2004、ZigBee 2006、ZigBee 2007。ZigBee 2007规范了两套功能指令集，分别是ZigBee功能命令集和ZigBee Pro功能命令集。

（2）ZigBee的主要技术特点

1）低功耗。

2）低成本。

3）时延短。

4）传输范围小。

5）数据传输速率低。

6）数据传输可靠性高。

7）安全性好。

（3）ZigBee网络结构

在ZigBee网络中节点按照不同的功能，可以分为协调器节点、路由器节点和终端节点3种。一个ZigBee网络由一个协调器节点、多个路由器和多个终端设备节点组成。

1）协调器节点（Coordinator）：协调器的主要作用是建立和配置网络，协调器节点选择一个信道和网络标识符（PAN ID），然后开始组建一个网络。协调器设备在网络中还有其他作用，比如，建立安全机制，完成网络中的绑定和建立等。

2）路由器节点（Router）：路由器节点可以作为普通设备使用，还可以作为网络中的转接节点，用于实现多跳通信，辅助其他节点完成通信。

3）终端节点（End Device）：位于ZigBee网络的最终端，完成用户功能，比如，信息的收集、设备的控制等。一个终端设备对于维护这个网络设备没有具体的责任，它可以选择睡眠或唤醒状态，以最大化地节约电池能量。

ZigBee的网络结构具有星形（star）、树形（tree）、网状（mesh）3种网络拓扑，如图9-5所示。

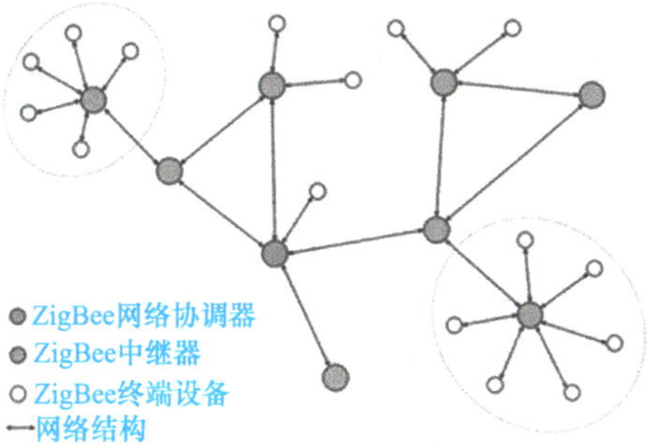

图9-5 ZigBee组网示意图

4）ZigBee组网方式。

举一个简单的例子就可以说明这个问题。当一队伞兵空降后，每人持有一个ZigBee网络模块终端，降落到地面后，只要他们在网络模块的通信范围内通过彼此间自动寻找，很快就可以形成一个互联互通的ZigBee网络。而且，由于人员的移动，彼此间的联络还会发生变化。因而，模块还可以通过重新寻找通信对象，确定彼此间的联络，对原有网络进行刷新。这就是自组织网。

ZigBee技术所用的网状网通信实际上就是多通道通信。在实际工业现场，由于各种原因，往往并不能保证每一个无线通道都能够始终畅通，就像城市的街道一样，可能因为车祸、道路维修等，使得某条道路的交通出现暂时中断，此时由于有多个通道，车辆（相当于控制数据）仍然可以通过其他道路到达目的地。而这一点对工业现场控制而言非常重要。

所谓动态路由是指网络中数据传输的路径并不是预先设定的，而是传输数据前，通过对网络当时可利用的所有路径进行搜索，分析它们的位置关系以及远近，然后选择其中的一条路径进行数据传输。在网络管理软件中，路径的选择使用的是“梯度法”，即先选择路径最近的一条通道进行传输，如传不通，则再使用另外一条稍远一点的通路进行传输，以此类推，直到数据送达目的地为止。在实际工业现场，预先确定的传输路径随时都可能发生变化，或者因各种原因路径被中断，或者过于繁忙不能进行及时传送。动态路由结合网状拓扑结构，就可以很好地解决这个问题，从而保证数据的可靠传输。

2. ZigBee模块的配置

1）将协调器供电（5V），将烧写器连上协调器和计算机。注意：烧写器突出的一面对应实验模块的外侧，协调器要接5V电源，如图9-6所示。

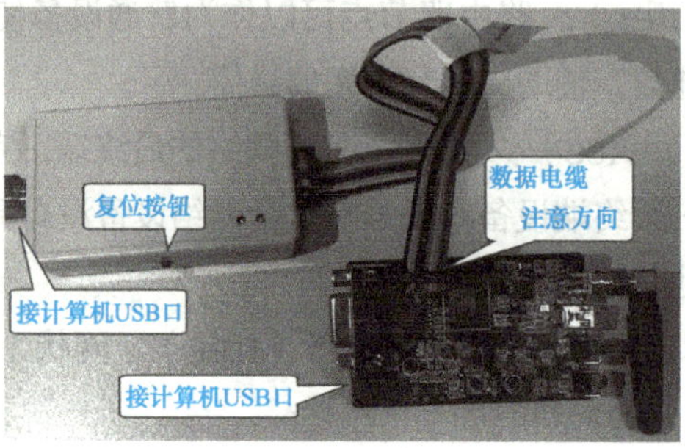

图9-6　烧写器和ZigBee模块

2）打开烧写软件“Setup_SmartRFProgr_1.12.4”，安装完成后将在计算机桌面上出现图标。

3）打开烧写软件，出现如图9-7所示的界面。

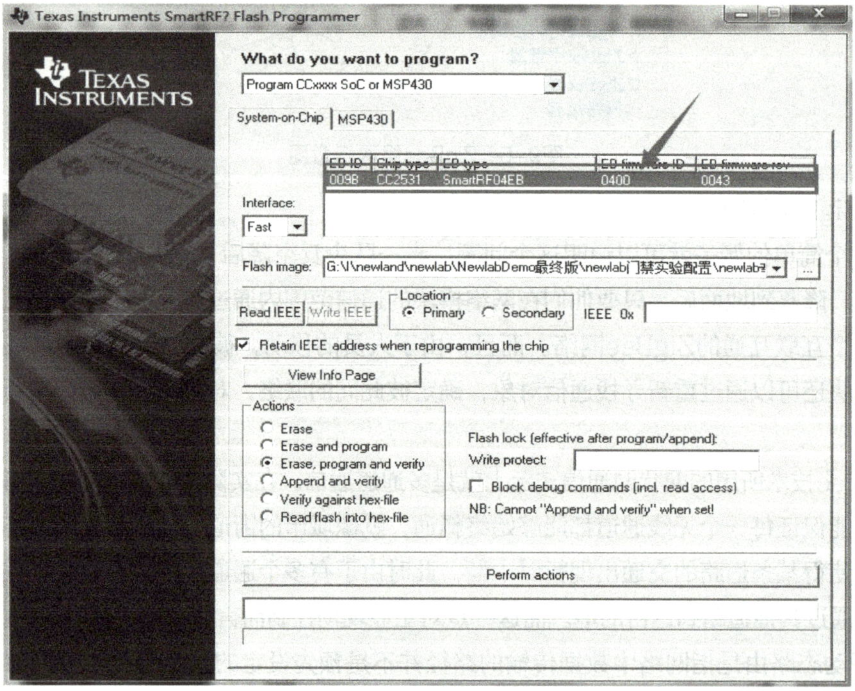

图9-7　烧写软件

注意：如果没有出现图9-7中标记的设备，则按下烧写器侧面的复位按钮重新识别。

4）单击图9-8所示的图标，打开配套资源，选择代码文件“collector. hex”，单击“Perform actions”按钮开始烧写。

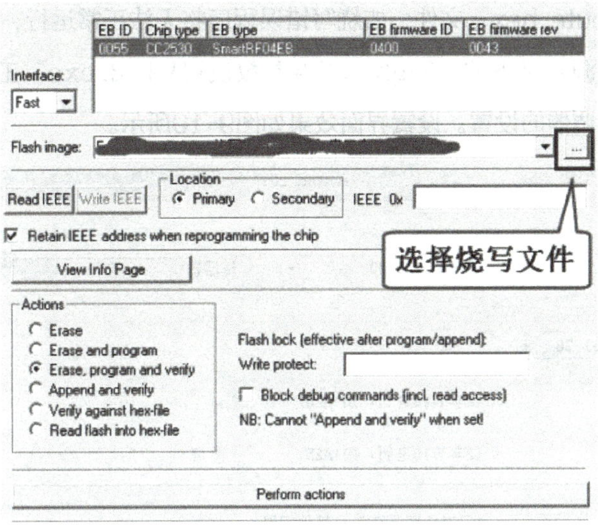

图9-8　开始烧写

5）烧写成功后出现图9-9所示的界面。

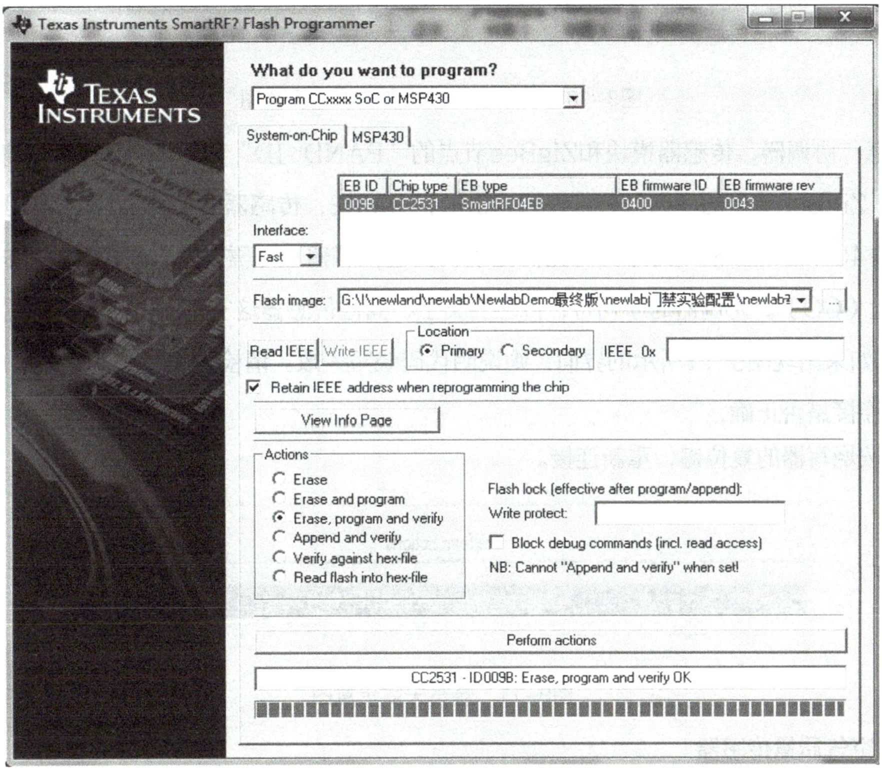

图9-9　烧写成功

6）ZigBee模块的烧写过程和协调器相同，区别在于ZigBee模块的烧写代码是配套资源目录下的“relay.hex”文件，如烧写错误程序无法正常运行，需要重新进行烧写。

7）传感器模块的烧写过程和协调器相同，区别在于传感器模块的烧写代码是配套资源目录下的“Sensor Route.hex”文件，如烧写错误程序将无法正常运行，需要重新进行烧写。

8）打开配套资源目录下的“Zigbee组网参数设置V1.2.exe”工具，进行ZigBee节点、传感器模块和协调器的设置。设置界面效果如图9-10所示。

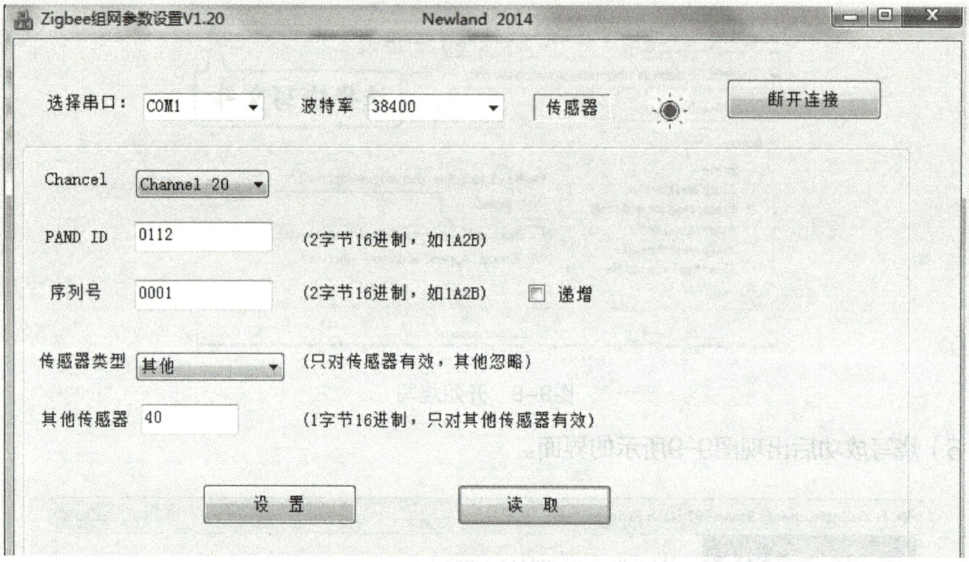

图9-10 节点、传感器和协调器配置图

注意：协调器、传感器模块和ZigBee节点的“PAND ID”和“Chancel”需设置为相同数值，ZigBee节点的序列号分别设置为0001、0002，传感器类型为“其他”，其他传感器的值为40。传感器模块的序列号无需更改，其他传感器也无需设置，传感器类型应更改为空气质量（CO）。协调器的序列号、传感器类型、其他传感器这3项无需设置。

9）如果出现图9-11所示的界面，则说明代码烧写失败。请检查：

① 连接是否正确；

② 按烧写器的复位键，重新连接。

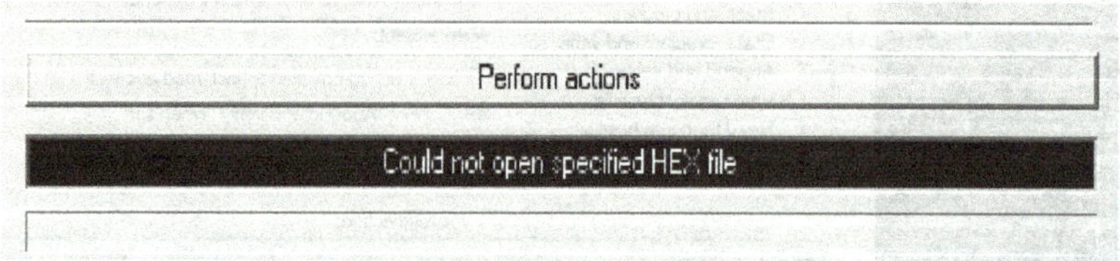

图9-11 烧写失败示意图

3．空气质量传感器

金属氧化物一旦被加热，空气中的氧就会从金属氧化物半导体结晶粒子的施主能级中夺走电子，而在结晶表面上吸附负电子，使表面电位增高，从而阻碍导电电子的移动。所以，空气质量传感器在空气中为恒定的电阻值。当还原性气体与半导体表面吸附的氧发生氧化反应时，由于气体分子的离吸作用使其表面电位高低发生了变化，传感器的电阻值产生相应变化。

对于还原性气体，传感器电阻值减小；对于氧化性气体，传感器电阻值增大。这样，根据电阻值的变化就能检测气体的浓度。空气质量传感器如图9-12所示。

图9-12 空气质量传感器

空气质量传感器的工作原理如下。

当一氧化碳气体通过外壳上的气孔经透气膜扩散到工作电极表面上时，在工作电极的催化作用下，一氧化碳气体在工作电极上发生氧化。其化学反应式为

$$CO+H_2O \rightarrow CO_2+2H^++2e-$$

在工作电极上发生氧化反应产生的H^+离子和电子，通过电解液转移到与工作电极保持一定间隔的对电极上，与水中的氧发生还原反应。其化学反应式为

$$1/2O_2+2H^++2e^- \rightarrow H_2O$$

因此，传感器内部就发生了氧化—还原的可逆反应。其化学反应式为

$$2CO+O_2 \rightarrow 2CO_2$$

这个氧化—还原可逆反应在工作电极与对电极之间始终发生着，并在电极间产生电位差。

由于在两个电极上发生的反应都会使电极极化，这使得极间电位难以维持恒定，因而也限制了可检测的一氧化碳浓度范围。

为了维持极间电位的恒定，加入了一个参比电极。在三电极电化学气体传感器中，其输出端所反映出的是参比电极和工作电极之间的电位变化。由于参比电极不参与氧化或还原反应，因此它可以使极间的电位维持恒定（即恒电位），此时电位的变化就同一氧化碳浓度的变化直接有关。当气体传感器产生输出电流时，其大小与气体的浓度成正比。通过电极引出线用外部电路测量传感器输出电流的大小，便可检测出一氧化碳的浓度，并且有很宽的线性测量范围。这样，在气体传感器上外接信号采集电路和相应的转换和输出电路，就能够对一氧化碳气体实现检测和监控。

任务3 化工厂智能安防系统实施

一、设备列表

化工厂智能安防监控硬件设备清单见表9-1。

表9-1 化工厂智能安防监控硬件设备清单

序号	设备名称	单位	数量
1	红外对射传感器	个	1
2	烟雾传感器	个	1
3	火焰传感器	个	1
4	报警灯	个	1
5	继电器	个	1
6	ADAM 4150数字量采集器	个	1
7	RS-232转RS-485的无源转换器	个	1
8	高频读卡器	个	1
9	高频卡	张	1
10	网络摄像头（设备编码BVCAM00013010）	个	1
11	空气质量传感器	个	1
12	ZigBee传感器	个	1
13	排气扇	台	1
14	ZigBee继电器	个	1
15	ZigBee协调器	个	1
16	串口服务器	个	1
17	路由器	个	1
18	开发用个人计算机	台	1
19	网线	根	3

除以上设备外，还需要配备连接线若干与各设备电源适配器。

二、模拟工程项目连线图

化工厂安防监控硬件设备连接图如图9-13所示。

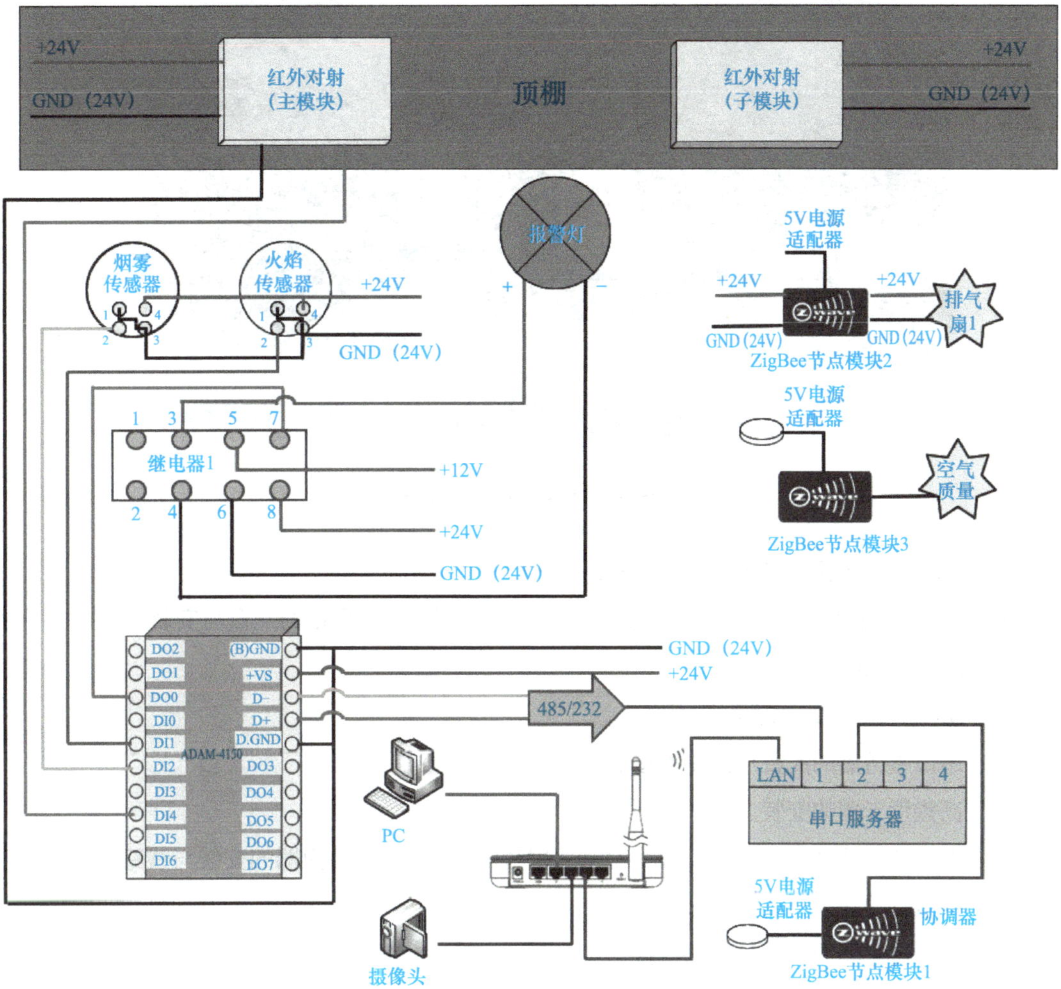

图9-13　化工厂安防监控硬件设备连接图

三、设备安装与布线

1．设备安装的注意事项

化工厂作为一个具有一定危险性的生产场所，在进行物联网智能化改造工程时需要注意对易燃、易爆物品存放地的专项监控，需要专门安放高灵敏度的传感器和摄像头。同时，对应系统的线路连接要保证易于检查和维修，以保证遇到险情时应急设备能正常自动开启。

该安防工程的安装效果如图9-14所示。

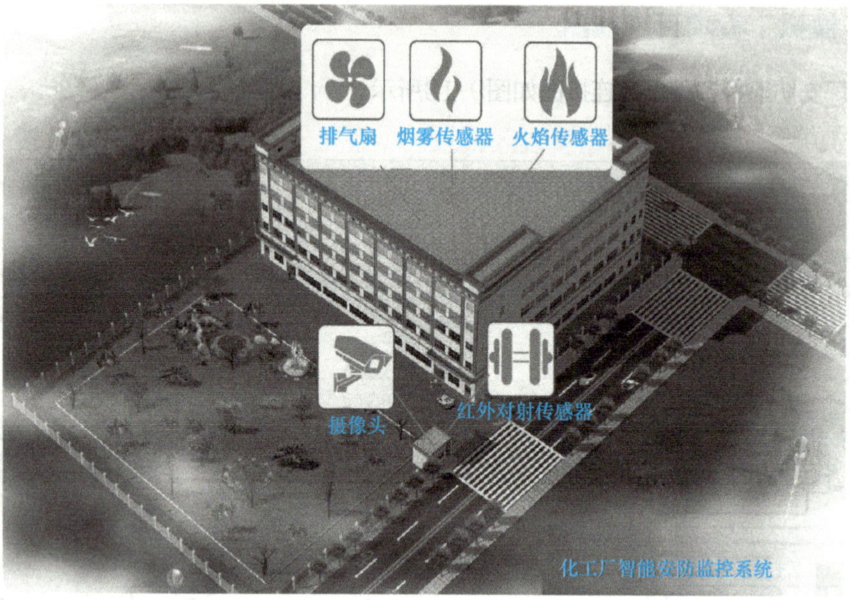

图9-14　设备现场安装效果图

2．该模拟工程项目的安装与线路接驳步骤

（1）参照本书前面单元的设备安装和配置步骤，完成以下设备的配置与安装

1）路由器的配置与安装。

2）摄像头的配置与安装。

3）串口服务器的配置与线路连接。

4）高频读卡器的安装。

5）ADAM 4150数字量采集器与RS-232转RS-485无源转换器的安装与线路连接。

6）报警灯的安装与线路连接。

7）各种传感器的安装与线路连接。

（2）ZigBee组网

将ZigBee协调器、ZigBee继电器与ZigBee传感器烧写完毕后进行ZigBee的组网，步骤如下：

1）ZigBee协调器的配置。

① 打开计算机端的Zigbee组网参数设置V1.2.exe进行ZigBee配置。

② 打开配置工具，选择正确的波特率，这里设定的波特率为38 400，选择正确的串口打开。

③ 单击读取，查看当前连接到的ZigBee信息，在这个界面可以设置、读取和修改参数设

置（见图9-15），记住协调器的PAND ID和通道（Channel）。

④ 配置ZigBee参数时必须把协调器、各类传感器和继电器的PAND ID以及通道设置成同样的参数，每一个ZigBee的通道（Channel）也要设置成一样，才可以组网。

如果配置无法使用，那么请检查“烧写程序”后再重新进行配置。“烧写程序”请参看本书单元4的相关内容。

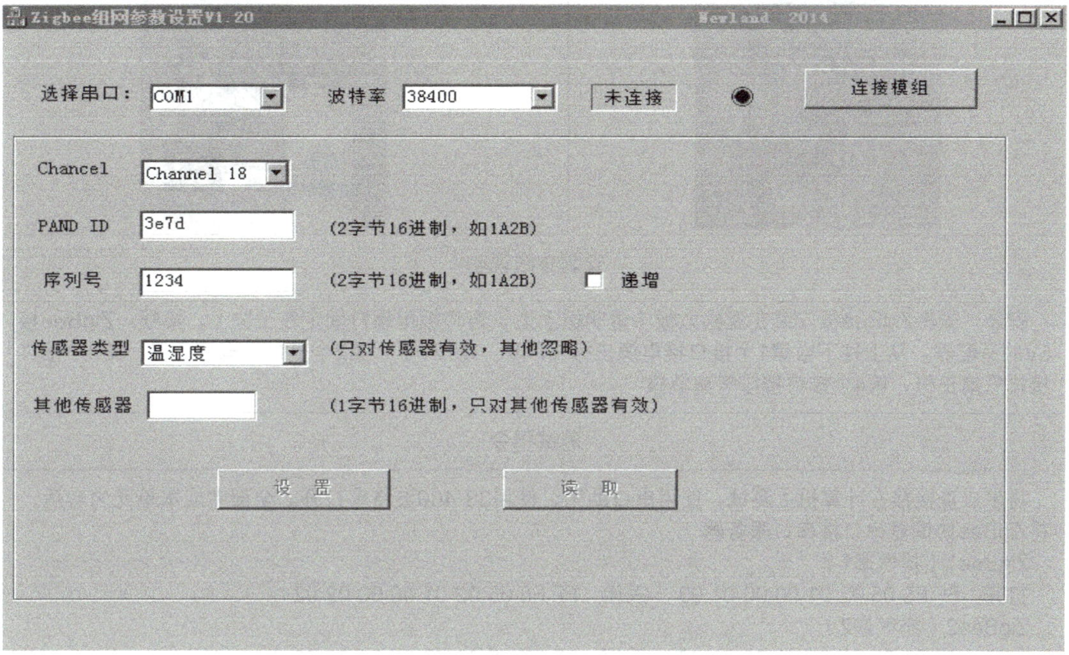

图9-15　ZigBee组网参数设置工具配置页面

2）ZigBee继电器的配置。

按照ZigBee协调器的步骤完成配置后，更改它的序列号，达到区分继电器的功能（序列号可设置为“0001”“0002”“0003”三种）。

注意：请确保ZigBee继电器的Channel与PAND ID及ZigBee协调器相同，否则无法正常使用。请确保同一Channel与PAND ID下同一序列号的继电器仅有一个，否则无法正常使用。

3）ZigBee传感器的配置。

按照ZigBee协调器的步骤完成配置后，更改它的传感器类型，达到区分ZigBee传感器上的传感器的功能（如，是温湿度传感器模块则选择温湿度）。

注意：请确保ZigBee传感器的Channel与PAND ID及ZigBee协调器相同，否则无法正常使用。

4）ZigBee继电器与排气扇的安装。

按照前面单元的内容，完成排气扇的安装。

<table>
<tr><td>产品名称</td><td rowspan="2">安装布线图</td></tr>
<tr><td>ZigBee（继电器模块）</td></tr>
<tr><td>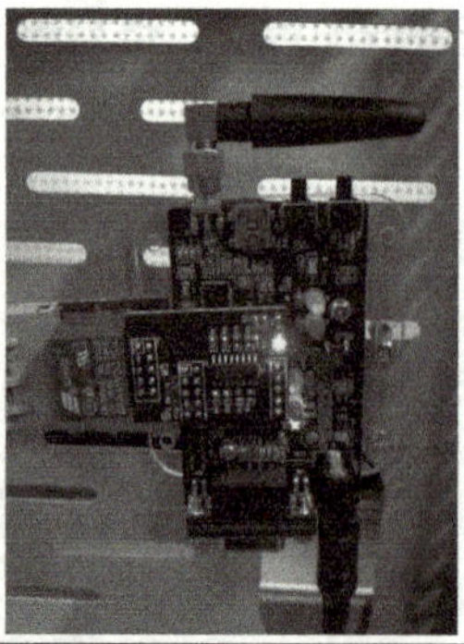</td><td>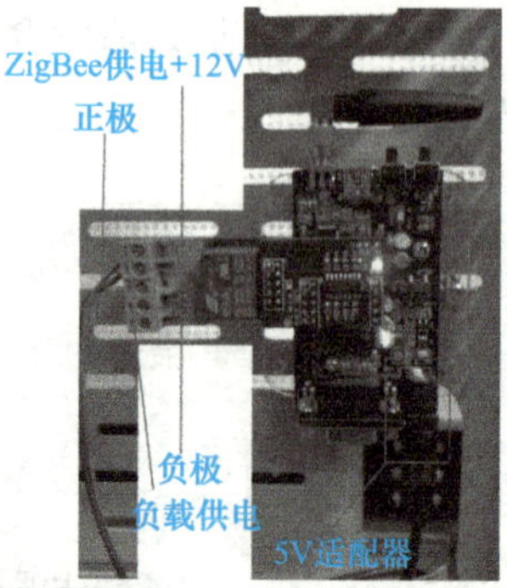
</td></tr>
<tr><td colspan="2">安装布线说明</td></tr>
<tr><td colspan="2">安装：先将ZigBee板安装在亚格力板（透明板）上，再将板用螺钉固定在工位上。接线：ZigBee接5V的适配器。从上往下数第1个接口接电源正极（24V、或12V），第2个接口接电源负极，第3个接口接排气扇正极，第4个接口接排气扇负极</td></tr>
<tr><td colspan="2">测试指令</td></tr>
<tr><td colspan="2">将串口直接接在计算机上测试，使用串口助手，使用38 400波特率打开。全部完成本单元内容后，将ZigBee协调器串口接串口服务器
ZigBee1（排气扇1）
打开：FF F5 05 02 01 00 00 01 03　关闭：FF F5 05 02 01 00 00 02 02
ZigBee2（排气扇2）
打开：FF F5 05 02 02 00 00 01 02　关闭：FF F5 05 02 02 00 00 02 01
ZigBee2（排气扇3）
打开：FF F5 05 02 03 00 00 01 01　关闭：FF F5 05 02 03 00 00 02 00</td></tr>
</table>

5）ZigBee传感器与空气质量传感器模块的安装。

将ZigBee传感器固定并上电后，将空气质量传感器模块正确安装到ZigBee传感器上即完成安装。

任务4 化工厂智能安防系统配套软件开发

一、背景知识与关键步骤

XDocument是.Net 3.5为Linq for XML准备的轻量级Document对象，在功能上和XmlDocument类似，但是配合Linq使用更方便。XDocument所属的命名空间为System.Xml.Linq，使用XDocument对象前需先导入该命名空间。XDocument常用属性和方法说明见表9-2。

表9-2 XDocument常用属性和方法说明

常用属性	功能说明
Declaration	获取或设置此文档的XML声明
DocumentType	获取此文档的文档类型定义
Element(XName name)	获取具有指定名称的第一个子元素
FirstNode	获取此节点的第一个子节点
NextNode	获取此节点的下一个同级节点
LastNode	获取此节点的最后一个子节点
NodeType	获取此节点的节点类型
Nodes()	按文档顺序返回此元素或文档的子节点集合
Remove()	在父级节点中删除此节点
Root	获取此文档的XML树的根元素
Save(string fileName)	保存此元素，如果已存在，则覆盖
Add(object content)	在此元素中添加集合

使用XDocument创建一个XML文档的一般步骤如下。

1）定义一个文档对象。

2）定义并添加根节点对象。

3）定义并添加子节点（可同时赋值）。

4）保存XML文档。

下面的代码是利用XDocument对象创建一个XML文件的示例代码。

```
//步骤1
XDocument doc = new XDocument();
//步骤2
doc.Declaration = new XDeclaration("1.0", "utf-8", "");
//步骤3
XElement root = new XElement("Config");
doc.Add(root);
//步骤4
XElement node = new XElement("UserName");
node.SetAttributeValue("Value", "张三");
root.Add(node);
//步骤5
doc.Save(xmlPath);
```

上面代码中的实现过程是这样的。

1）创建XML文档对象。

2） 设置该XML文档的编码，参数分别为文档版本、编码格式、是否是独立的文档（默认为是）。

3）定义并添加根节点名称（Config）。

4）赋值并添加子节点。子节点名称为“UserName”；该节点有个属性名称为“Value”，其值为“张三”。

保存XML文档到指定位置（由xmlPath的值所决定）。

二、任务实现

1）打开VS2012软件，新建WPF应用程序：化工厂安防监控。该程序为化工厂安防监控的配套软件。

2）建立图片资源文件夹。在项目中新建文件夹Resources，该文件夹用于存放开发过程中需要使用的图片资源。

3）将配套资源中的图片添加到Resources文件夹中。

4）引用外部类库。将外部类库ADAM. dll、Srr110uLib. dll、Srr1100U. dll、ZigBee. dll添加到项目中，并将SSUApiDesk. dll放入项目bin目录中。

5）建立样式文件夹。在项目中新建文件夹Styles，该文件夹用于存放开发过程中控件使用的样式。

6）在Styles文件夹中新建资源词典BaseStyle. xaml和CommonStyle. xaml。在这两个资源词典中添加控件样式，代码参考配套资源中的相关文档。

7）在APP. xaml文件中添加BaseStyle. xaml和CommonStyle. xaml的引用。

8）在App. config文件中添加对本项目需要使用的设备串口号的设置。

```
<appSettings>
    <!--ADAM4150数字采集器端口-->
    <add key="Adam4150Port" value="COM4"></add>
    <!--超高频桌面发卡器端口-->
    <add key="SRR1100U" value="COM5"></add>
    <!--超高频桌面发卡器端口-->
    <add key="ZigbeePort" value="COM9"></add>
  </appSettings>
```

9）建立帮助类文件夹。在项目中新建文件夹Common，该文件夹用于存放项目中需要使用的帮助类。代码可参考示例项目代码。

10）建立模型类文件夹。在项目中新建文件夹Models，该文件夹用于存放项目中需要使用的模型类。在该文件夹下新建3个子文件夹Device、Person、Record，分别用于放置设备、人员、记录的操作类。

11）在Device文件夹中添加类DeviceInfo. cs，该类用于传感器状态的获取，代码如下：

```
public class DeviceInfo
    {
        /// <summary>
```

```
/// 烟雾传感器状态
/// </summary>
public Boolean? IsSmokeAlarm;
public String SmokeText
{
    get
    {
        if (IsSmokeAlarm.HasValue)
        {
            if (IsSmokeAlarm == false)
                return "无";
            else
                return "烟雾超标";
        }

        return String.Empty;
    }
}

/// <summary>
/// 火焰传感器状态
/// </summary>
public Boolean? IsFireAlarm;
public String FireText
{
    get
    {
        if (IsFireAlarm.HasValue)
        {
            if (IsFireAlarm == false)
                return "无";
            else
                return "有火警";
        }

        return String.Empty;
    }
}
/// <summary>
/// 空气传感器状态
/// </summary>
public Boolean? IsAirAlarm;
public String AirText
```

```
        {
            get
            {
                if (IsAirAlarm.HasValue)
                {
                    if (IsAirAlarm == false)
                        return "正常";
                    else
                        return "非正常";
                }
                return String.Empty;
            }
        }
    }
```

12）参考之前单元的代码，在Device文件夹中添加并完成DeviceHelper.cs类，该类用于辅助获取设备信息。其中，空气质量传感器数据由ZigBee.dll提供。

13）在Person文件夹中添加Person.cs类，该类是人员的实体类，属性见表9-3。

表9-3　Person类

属性名称	作用说明
public String Name	员工姓名
public String JobNumber	员工工号
public String CardCode	员工卡号

14）在Person文件夹中添加PersonsHelper.cs类，该类用于辅助人员信息的获取。人员信息存放在bin文件夹下的“Person.xml”文件中，代码如下：

```
public class PersonsHelper
    {
        #region -- 构造方法 --
        /// <summary>
        /// 封闭构造函数
/// </summary>
        private PersonsHelper()
        {
            LoadPersonList();
        }
        #region -- 单例 --
        private static PersonsHelper _Instance;
        /// <summary>
        /// 实例对象
        /// </summary>
```

```
public static PersonsHelper Instance
{
    get
    {
        if (null == _Instance)
        {
            lock (typeof(PersonsHelper))
            {
                if (null == _Instance)
                {
                    _Instance = new PersonsHelper();
                }
            }
        }
        return _Instance;
    }
}
#endregion
#endregion
#region -- 私有成员 --
/// <summary>
/// 人员表
/// </summary>
private List<Person> _ProduceList = new List<Person>();
/// <summary>
/// 数据文件路径
/// </summary>
private String _RelativePath = "Person.xml";
#endregion
#region -- 私有方法 --
/// <summary>
/// 加载
/// </summary>
private void LoadPersonList()
{
    if (File.Exists(_RelativePath))//注释1
    {
        try {
            //实例化XML文档操作类
            XmlDocument doc = new XmlDocument();
            //加载已存在的XML文档
            doc.Load(_RelativePath);
            //生成子节点列表
```

```
                    XmlNodeList nodeList = doc.GetElementsByTagName("Person");
                    foreach (XmlNode item in nodeList)
                    {
                        //判断员工信息是否完整
                        if((item["JobNumber"] == null)
                            || (item["Name"] == null)
                            || (item["CardCode"] == null))
                            continue;
                        //员工信息模型
                        Person prod = new Person() {
                            JobNumber = item["JobNumber"].InnerText,
                            Name = item["Name"].InnerText,
                            CardCode = item["CardCode"].InnerText
                        };
                        _ProduceList.Add(prod);
                    }
                }
                catch {
                }
            }
        }
        #endregion
        #region -- 公开方法 --
        /// <summary>
        /// 根据工号获取人员信息
        /// </summary>
        public Person GetPersonByCode(String cardcode)
        {
            return _ProduceList.Find(item => item.CardCode.Equals(cardcode));
        }
        #endregion
    }
```

在上述代码的“注释1”中，使用File（文件相关类）中的Exists方法判断该文件是否存在。使用File类还可以实现文件的生成、打开与写入功能。与File类相似的还有Directory类，与File类不同的是，Directory用于生成、打开与判断当前目录，即路径是否存在。

15）添加PersonStateHelper.cs类，该类用于获取当前厂区内员工出入工厂状态与查询在厂员工信息的功能。代码如下：

```
    public class PersonStateHelper
    {
        #region -- 构造方法 --
        /// <summary>
        /// 封闭构造函数
        /// </summary>
```

```
private PersonStateHelper()
{
}
#region -- 单例 --
private static PersonStateHelper _Instance;
/// <summary>
/// 实例对象
/// </summary>
public static PersonStateHelper Instance
{
    get
    {
        if (null == _Instance)
        {
            lock (typeof(PersonStateHelper))
            {
                if (null == _Instance)
                {
                    _Instance = new PersonStateHelper();
                }
            }
        }
        return _Instance;
    }
}
#endregion
#endregion
#region -- 私有成员 --
/// <summary>
/// 在场人员表
/// </summary>
private List<Person> InDoorList = new List<Person>();
#endregion
#region -- 公开方法 --
/// <summary>
/// 入厂
/// </summary>
public void InDoor(Person per)
{
    if(IsInDoor(per))
        return;
    //实例化模型对象
    Person p = new Person() {
        CardCode = per.CardCode,
        JobNumber = per.JobNumber,
```

```
                Name = per.Name
            };
            //添加员工信息
            InDoorList.Add(p);
        }
        /// <summary>
        /// 出厂
        /// </summary>
        public void OutDoor(Person per)
        {
            //查找相同工号的员工信息
            Person p = InDoorList.Find(item => item.JobNumber.Equals(per.JobNumber));
            if (p == null)
                return;
            //删除员工信息
            InDoorList.Remove(p);
        }
        /// <summary>
        /// 是否有人在厂区
        /// </summary>
        public bool HasPersonInFactory()
        {
            return (InDoorList.Count != 0);
        }
        /// <summary>
        /// 判断是否在厂区
        /// </summary>
        public bool IsInDoor(Person per)
        {
            //查找相同工号的员工信息
            return (InDoorList.Find(item => item.JobNumber.Equals(per.JobNumber)) != null);
        }
        #endregion
    }
```

16）在Record文件夹中添加类Record.cs，该类为进出记录的实体类，属性见表9-4。

表9-4 Record属性

属性名称	作用说明
public String JobNumber	员工工号
public String Name	员工姓名
public String Time	操作时间
public String State	出入状态

17）在Record文件夹中添加类RecordsHelper.cs，该类为进出记录的辅助工具类，参照PersonsHelper.cs类的代码进行编写。

18）在Model文件夹中添加类PageData.cs，该类为页面实体类，属性见表9-5。

表9-5　PageData类

属性名称	作用说明
public String PageText	页面标题
public String PagePath	页面路径

19）在项目中新建文件夹Views，该文件夹用于存放项目中需要使用的视图页。在该文件夹下添加页文件PageHome.xaml、PageMonitor.xaml、PageGate.xaml、PageSearch.xaml。

编辑界面，实现图9-1～图9-3所示的效果。

20）添加文件夹Controller，该文件夹用于放置各个页面对应的业务逻辑类，其对应关系见表9-6。参照示例代码完成各个业务逻辑类的功能。

表9-6　页面与业务逻辑对应关系

页面名称	对应业务逻辑类
MainWindow.xaml	MainController.cs
PageGate.xaml	GateController.cs
PageMonitor.xaml	MonitorController.cs
PageSearch.xaml	SearchController.cs

21）编辑MainWindow.xaml文件界面，实现图9-16所示的效果。

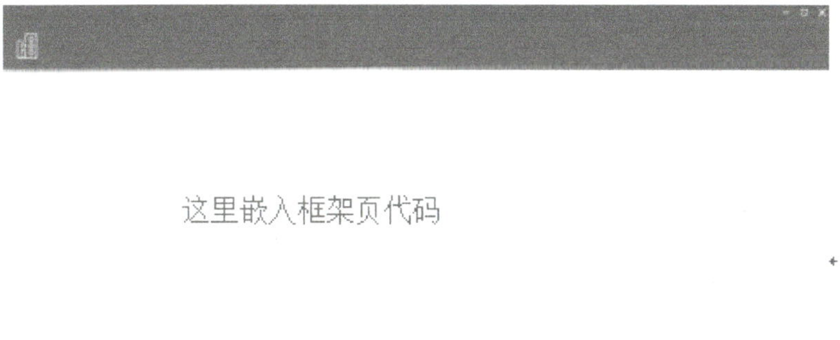

图9-16 MainWindow.xaml界面

22）完成MianWindow.xaml.cs文件功能，在文件中添加程序停止、标题栏双击、窗体移动、最大化、最小化、返回键功能。

23）完成PageHome.xaml.cs文件功能，在该文件调用界面跳转回调函数实现界面的跳转功能。

24）完成PageGate.xaml.cs文件功能，实现页面数据加载、项目关闭的资源释放、跳转功能和对应的按钮功能。

```
public partial class PageGate : Page
    {
        #region -- 构造方法 --
        public PageGate()
        {
            InitializeComponent();
            this.Dispatcher.ShutdownStarted += Dispatcher_ShutdownStarted;
        }
        #endregion
        #region -- 私有成员 --
        private GateController _Controller;
        #endregion
        #region -- 私有方法 --
        private void Dispatcher_ShutdownStarted(object sender, EventArgs e)
        {
            Page_Unloaded(null, null);
        }
        private void Page_Loaded(object sender, System.Windows.RoutedEventArgs e)
        {
            _Controller = new GateController(this);
        }
        private void Page_Unloaded(object sender, System.Windows.RoutedEventArgs e)
        {
            _Controller.Dispose();
        }
        private void BtnSearch_Click(object sender, System.Windows.RoutedEventArgs e)
        {
            Global.gOnSkipPage("数据查询");
        }
        private void ImgReturn_MouseDown(object sender, System.Windows.Input.
MouseButtonEventArgs e)
        {
            Global.gOnSkipPage("首页");
        }
        private void BtnCloseNotice_Click(object sender, System.Windows.RoutedEventArgs e)
        {
            this.NoticPanel.Visibility = System.Windows.Visibility.Collapsed;
        }
        #endregion
    }
```

25）完成PageMonitor.xaml.cs文件功能，实现页面跳转功能和对应的按钮功能。

```
public partial class PageMonitor : Page
```

```
{
    #region -- 构造方法 --
    public PageMonitor()
    {
        InitializeComponent();
    }
    #endregion
    #region -- 私有成员 --
    private MonitorController _Controller;
    #endregion
    #region -- 私有方法 --
    private void Page_Loaded(object sender, RoutedEventArgs e)
    {
        _Controller = new MonitorController(this);
    }
    private void ImgReturn_MouseDown(object sender, System.Windows.Input.MouseButtonEventArgs e)
    {
        Global.gOnSkipPage("首页");
    }
    private void BtnCloseNotice_Click(object sender, RoutedEventArgs e)
    {
        this.NoticPanel.Visibility = Visibility.Collapsed;
    }
    #endregion
}
```

26）编辑PageSearch.xaml文件界面，实现图9-17所示的效果。

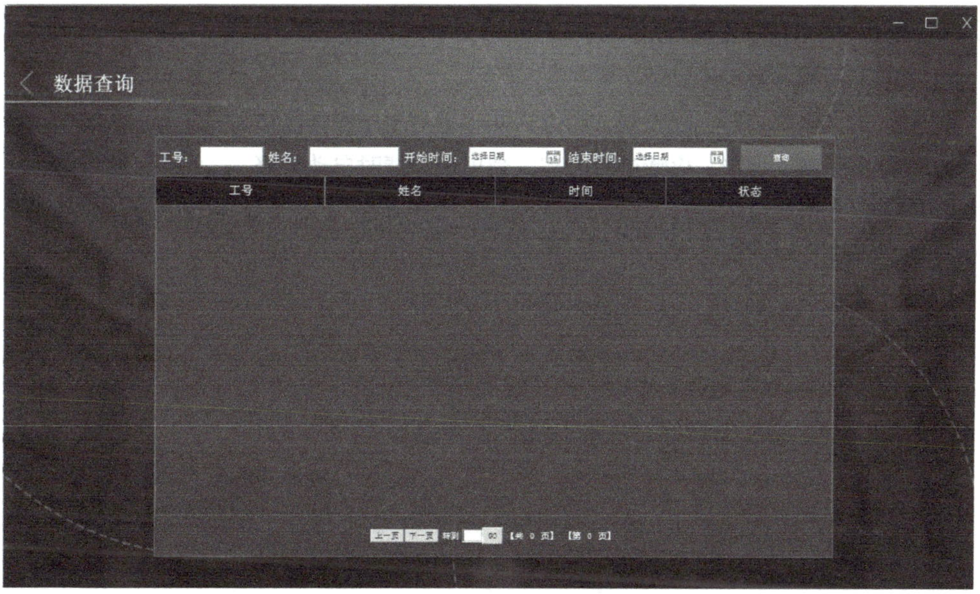

图9-17　数据查询运行界面

完成PageMonitor.xaml.cs文件功能，实现页面跳转功能和对应的按钮功能。

三、检验与测试

1）检测进入功能。查看未刷卡触发红外对射传感器是否弹出入侵警报，刷卡识别后自动开启闸门3s。

2）查看对出入数据进行查询的功能是否正确。

3）检测烟雾传感器、火焰传感器、空气质量传感器的数据读取功能，查看当环境安全出现异常时，是否能自动弹出警报并打开报警灯。

4）检测使用摄像头实现厂内实时监控的功能。

单元小结

本单元主要介绍利用ZigBee技术实现无线个域网的数据传输和指令发送功能，利用ZigBee无线组网技术结合模拟场景的项目实施和软件开发，掌握ZigBee技术的相关应用。同时学习了ZigBee技术的适用环境。

拓展训练

试利用本单元的设备和相关知识完成“牧区民族风俗旅馆安防系统”的项目实施。该项目场景为某草原牧区特色旅馆，因草原特色民居是“蒙古包”而无法采用有线方式来进行数据传输。现通过相关系统软件的开发，实现对旅馆安防情况的监控与管理。项目需求如下。

1）正确安装和部署相关设备。

2）自行定义系统界面，以美观、操作方便、符合用户操作习惯为宜。

3）对蒙古包内的烟情、火情进行监控，当出现险情时自动报警。

4）对蒙古包所属范围进行人员活动监控。

5）当蒙古包内空气质量下降时，自动开启排气扇加速空气流通。

6）蒙古包采用无锁开启，通过刷卡开启/关闭房间。